中山 正夫 著

食品加工
活用術

幸書房

はじめに

十数年も前になるか、業務で岡山に出張した際、足を伸ばして備中高松城跡を訪ねた。羽柴（豊臣）秀吉が水攻めしたという歴史上で有名なこの城——なぜ、正攻せずに堤防まで設けて、水攻めをしたのだろうか？

現地で学んだその答は、当時は湿地に建てられた平城で、周囲は沼で守られていた由。従って、直接攻撃はむずかしいため、近くに流れる足守川から水をひき、兵糧攻めに通じる水攻め。加えて、短期決戦よりも長期戦に利有りとの判断からと思いたい。

相手の守りを逆手に取っての〝水攻め〟の考え方は、本書第4章〝障害イオンの封鎖〟の類似発想ともいえ、森羅万象、アイデアには共通性を持つ。また、商品開発や実験計画でも、正攻法だけでなしに、ゲリラ戦もあるし心理戦もあり、一法だけが絶対と思わずに、フレキシブルな対応が望まれよう。

そもそも〝本書の素〟つまり〝元原稿〟は、三十余年前の一九七〇年五月から翌年四月までの毎月、『食品と科学』誌に『これからの食品加工技術』としてシリーズ掲載されたもの。それに第13章を加え、少し筆を入れ、温故知新をベースに〝考え方の基本〟をまとめた。

なぜ、この変遷著しき現代に、三十年前の原稿が装い新たに発行されたのか?……とは誰しも疑問に思われよう。それは無理からぬこと。実は、幸書房の夏野出版部長(筆者の古くからの知人)が、元原稿の現代的価値を認めて下さったからにほかならない。曰く、〃このような即実戦に役立つ内容を持つ真の実用書を求めていた〃とのこと。筆者が久しぶりに元原稿を読み直すと、自分自身の技術士業務に無意識のうちに活用している考え方であり、手法であったことを改めて知った。

ここでお断りしたいのは、なにしろ三〇年以上も昔に書いた元原稿であり、当時、筆者が今日のパソコンに相当する〃パンチカード〃数千枚を基にまとめた貴重な資料だが、古き体験、古き文献がほとんど。そのため、ここに取り上げた加工技術や材料も過去のものとなり、今日、使われなくなった事例も少なくないが、要は目的を達するための考え方をいかにするかが本書の主旨である。従って、読者諸氏には本書をノート代りにして、新しく知り得たアイデアや技術手法事例を書きこんでいただき、発展させながら役立てて下されば幸いである。

終わりに、株式会社 食品と科学社・岸直邦社長、株式会社 幸書房・桑野知章社長および夏野雅博出版部長はじめご協力いただいた皆様に厚く御礼申し上げます。

二〇〇三年四月

中山正夫

目　次

第1章　食品加工技術のTPO

1．はじめに

富士山に登るにも吉田口、富士宮口、御殿場口などがあるように、到着するところは同じでも登り口が別の、それぞれ異なった風情のコースがある。同様に、ある目的の達成には一つの方法に固執せず、その改良法や他の方法もあることを知るように常に留意しなければならない。

たとえば、食品工場のネズミ対策は衛生管理上に重要なことであり、次元の変ったいろいろの方法が行なわれている。この場合も、最後の目的は工場内にネズミが存在しなくなればよいことであり、次記のごとく、その過程が違うだけである。

(a)　まずネズミを工場内に入れない……これがネズミ対策の基本であって、入口に戸、ネズミ返し、下水溝に金網などを設置する。

(b)　工場内にネズミの食べものを置かない……食品資材や製品などはふた付きの容器にしまう。

(c)　工場の内外でネズミを捕獲する……カゴ式、粘着テープ式、包み込み方式、また、一度入ったならば外へ出られない千匹捕り方式など、捕獲器を使って取り除く。これら捕獲器はそれぞれ特

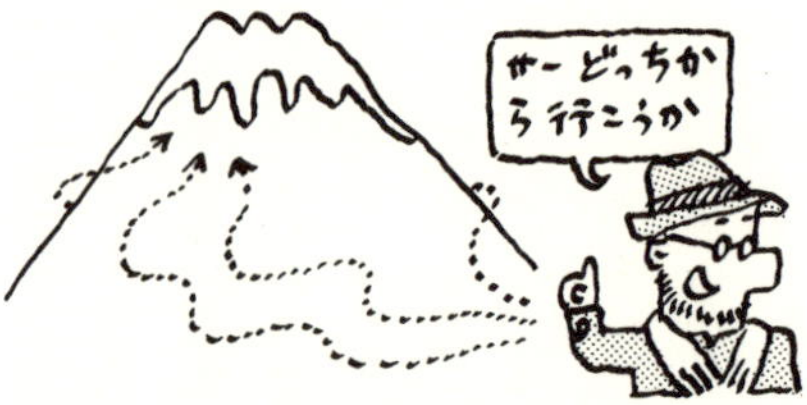

図1.1　解決法を一つと思ってはいけない
（富士山の登山も１ルートではない）

徴のあるアイデアを包含しており、興味深い。

(d)　ネズミの忌避剤を撒布する……たとえばシクロヘキシイミドのような忌避物質の臭気でネズミを退散させる。

(e)　ネズミの忌避音を流す……ネズミのもっともいやがる二〇、〇〇〇ヘルツの超音波を発生させ、聴覚を刺激して寄せつけない。また、ネズミが殺される時の悲鳴をテープで流す研究もある。

(f)　殺ソ剤による……シリロシドやクマリン系殺ソ製剤を利用する。いわゆる昔からの毒だんご方式。

(g)　ネズミの避妊剤を使う……ネズミ族の絶滅を長期的に行なう。

等々、ネズミ対策にも多種多様の方法があり、これらの組合せで防ソ効果を高めているのが実情である。

本題の食品加工技術においても、これと同様である。たとえば、食品の保存を行なうにも、

(a)　変敗原因の微生物を完全に死滅させる加熱殺菌。

(b)　微生物の活動を遅延させる低温保蔵。

(c)　塩漬、砂糖漬および乾燥など、食品の脱水処理により水分活性を低下させ、間接的に保存効果を高める。

(d)　食品添加物の殺菌料、保存料を利用して、化学的に微生物の殺菌、静菌を行なう。

(e)　酸剤を加えて食品のpHを低めまたはアルカリ性を高めて、微生物作用を抑制する。

(f)　放射線照射で微生物を死滅せしめる。日本では許されていないが、香辛料などの殺菌に許されている国は少なくない。

(g)　飲料水、果汁、ワインなどの液状食品はろ過による除酵母も行なう。

(h)　化学的な酸化や変色には、抗酸化剤や品質安定剤で抑制させる。

等々の他、方法は多い。ここにあげた例は単に保存手段を列記したに過ぎず、それぞれの方法ともプラス面、マイナス面を持っている。たとえば、加熱殺菌では微生物を死滅させたとはいえ、今度は熱による食品の変質や風味低下、塩漬や砂糖漬は味の問題、食品の乾燥では組織の変化、放射線照射はオフ・フレーバーの発生や食品成分変化のおそれ、そして方法としては簡単な保存料添加は添加量、残存量の問題など好ましくない面もある。

したがって、ある食品を保存するにあたり、どんな方法がよいだろうかと考えると対象食品の性質や保存法の長所短所を十分に知り、ちょうど形の異なった積木で一つの作品を組立てるように、その食品に適合した方法を選び、対応することが必要である。これが食品加工技術のＴＰＯといえよう。なおここでいうＴＰＯとはTime, Place, Occasion の略で、本来は服装用語にして〝時、場所、場合に応じるという考え方〟と思っていただきたい。

食品加工におけるＴＰＯ化を行なうには、一つはマクロに食品加工工程のすべてを通して眺めること、そして別の一つは、ミクロにその加工技術の特質を十分に知ること。それらの結果、両者を最適の条件で組合せ、最高の効果をあげるものではないだろうか。

2．製造工程からの観察

すでに行なっている製造工程が、果たしてTPO面から見て満足できるものだろうか？　まずは、原料→加工→製品→販売→消費、と一貫した体系として考察を行ないたい。

⑴　原　料

食品加工の出発物質が原料であり、その良い悪いが、続く加工工程や製品の品質に直接の影響を与える。また、その原料が工場の生産体系にあわないものならば、食品工業資材としての価値は劣る。

好ましい品質の原料は、市場で限られた品質の中から選択し購入すれば済むわけではない。市場以前の問題、たとえば農産物ならば産地の環境、品種改良、育成中の処理など、また水産物では漁場、漁獲法、漁獲物の流通条件など、前向きに改善が望まれる事項であろう。

農産原料の市場以前の問題解決にも、次例のような研究とともに実用化もなされつつある。

a．味や成分を変化させてみること。

たとえば、従来品種より酸味がはるかに弱く甘味が強い現代人好みの夏ミカン新品種。また、放射線照射によりタンパク含量を増加した新品種の水稲。一方、トマト・ジュースかん詰め中のスズ事件にしても、原料トマトの熟度、採取時期、肥料の種類や土づくりなどの違いで、かん詰め内壁材のブリキ板からスズを溶出させる硝酸イオンの含量が変ってくる。そこで、いかにして硝酸イオンが少ない原料トマトを得るべきか、これがトマト・ジュースの製造の問題点を解決する手段の一つとして、原料面での重要な改善要素といえる。最近話題の遺伝子組み換え技術も、安全性を確認しての新品種開発ならば、望ましき手法といえる。

b．大きさや形を変えてみること。

たとえば、原料果実の直径をかんの内径にピッタリあうように品種改良することで、歩留りを向上させたかん詰め用パイナップル。家庭用小型冷蔵庫に切らないで入るように改良された実用的なコダマスイカ。また、機械選果の効率および荷づくりに便利な小さいヘソの優良種ネーブルもあった。また、表面にイボのないキウリ、凹みがないピンポン玉のようなジャガイモがあれば、洗浄容易で衛生的に好ましいが。

c．硬さを変えてみること。

たとえば、かん詰め用白桃は生食用と異なり、かん詰め製造工程中に実くずれしないように、どうしても原料果実の硬度が高い品質が望まれる。また、米国では果樹からオレンジを採取するのに、高価な人出を使わず機械的に果樹を振動させて果実を下の金網に落とす方法も行われているとのこと。それに伴なって、落下衝撃に耐え得る硬さと好ましき歯ざわりを持つ新品種の育成を行なっているという。同様に、弱過ぎるイチゴの表皮の強化も望まれよう。

これからの原料は、前例のように食品の内容成分を変えて質的な向上をはかるとともに、食品加工機械にかかり、マスプロ体系の作業適性を持つサイズや硬さのものへと進むであろう。

水産原料の場合、漁獲法のいかんによって品質が著しく変ってくる。たとえばトロール漁法のごとく長時間にわたって網を引くと、最初に網に入った魚ほど網中でもまれ、痛み方ははげしい。そして鮮度低下も速い。

また、漁獲した魚を水氷入りの船倉に貯蔵し、漁港の市場に到着するまで、かなりの時間を船でゆられることもある。その間、ゆれによる魚体間の摩擦損傷も少なくない。さらに損傷した魚体から水氷中に流出した血液や汚物は、船倉内の魚に対して酸化促進作用を示す一方、細菌数も増加して品質を低下するなど、衛生面からも好ましくない。かように、市場で仕入れる原料魚以前の履歴（トレーサビリティ）も十分にチェックし、しかるべき処理法を漁獲業者に指示、実行させることで、よりよい原料の入手が可能になる[1]。

大分県佐賀関と愛媛県佐田岬の間の潮の急流で獲れる有名な『関あじ』は一本釣り。その後の魚の品質を傷めないような管理基準を組合が作成し、これを守っているから価値が高いのだ。

その他、冷凍、冷蔵あるいはＣＡ貯蔵などもフルに活用し、原料を加工直前まで可能な限りフレッシュな状態に維持することが望ましい。要は漁獲から流通、そして調理加工から摂取時までの流れの間を大事に扱うことが必要で、『ゆりかごから墓場まで』という英国労働党の社会保障のスローガンにも似る。

(2) 加工法のＴＰＯ

食品を取り扱う以上、基本となる三原則がある。それは、清潔、迅速および適温であり、前項に述べた好ましい原料を生かして用いるために必要であるし、またこの基本を守らないと、次に示した加工技術がどんなにすぐれたものであっても、結果的にはナンセンスとなろう。

ａ．前処理

原料を配合、調理する前処理を行なう。

野菜の場合は、洗浄、剥皮、また冷凍にするならばブランチング処理を行なう。ブランチングは野菜を沸騰水中に浸漬する操作であるが、緑色色素の安定化や酵素作用の停止の目的に対して、野菜の種類に適合した細やかな技術が広く利用されている。

(a) アルカリ剤（たとえば重炭酸ナトリウム、リン酸二ナトリウムなど）または食塩を溶解させたブランチング用水を使うことで、緑色野菜のグリーンを保つ。

(b) ブランチング処理の間、煮沸釜のふたをしないことで野菜中の有機酸類を蒸散させ、野菜の色調を安定化する。

(c) マッシュルームのブランチングの場合、原料をあらかじめクエン酸水溶液の中に浸漬したまま真空処理し、原料組織内に含まれる空気を脱気してクエン酸溶液と置換する。次いで、ブランチングを行なうと、色の仕上りがよい(2)。

(d)　芽キャベツ、ハナヤサイ、ブロッコリーのような形の大きい野菜は、中心部の酵素まで失活させるのは容易でなく、当然、外側は過熱状態になる。そこで、約五二℃まで加熱した後、高温でブランチングする方法が考えられている(3)。

(e)　グリンピースを熱水ブランチングする場合、豆に針穴をあけたり、切目を入れたりすることでブランチング速度は速まる。孔は〇・五ミリのピンであけるが、この処理では製品の外観を損なわなかったという(4)。

等々、これらの例はいずれもＴＰＯ的技術によると考えられよう。

コロッケ、ハンバーグなどのそう菜類には、風味の点から必ずタマネギを用いる。ところが、タマネギは剥皮操作が必要であり、タマネギの刺激臭のために各工場の作業者は連日泣いている。タマネギの剥皮も、近年では機械化および専業化されつつあり、それぞれの工場で小単位での剥皮が置きかわってきたことは、時代のすう勢であろう。この場合、剥皮といっても機械的に表面の薄皮をむくわけではない。かつてはタマネギをベルトコンベアに乗せ、燃焼バーナーの炉中を通過させて表皮を燃焼し、次に洗浄を行なってから、タマネギの上端、下端を切断除去する方法があったが、いまでは皮に切れ目を入れ、タマネギに強風を送り、皮を吹き飛ばす方法が主である。食品加工工場でタマネギの剥皮工程が省かれた結果、その場所をもっと付加価値が高い製品の生産に回すことができ、その上、工場全体の衛生面からみても、皮つきタマネギ使用よりもはるかにメリットは大きい。

水産の原料魚の場合でも、原料からすりみへの専門工場、また、鮮魚から冷凍すりみを船上で製造する工船のような専業化は効率がよい。それとともに内臓、頭、骨などの廃棄物はミール化により無駄なく利用する一括処理は、廃棄物公害の問題を解決する一つの統合された原料処理法といえよう。

これからの食品工業は、単に原料から加工食品をつくるだけではなく、製造過程中に生じた廃水を規制内の水質まで戻す義務を持つ。特に前処理に用いた水の汚れは甚しいので、この工程の廃水をいたずらに希釈せず、高濃度のままで廃水処理を行なうがよい。この点からも、前処理の専業化が好ましい。

b．加　工

食品加工には数多くの副資材を用いる。これらの副資材を適材適所、そして適宜に活用することこそ、ＴＰＯ的技術である。

粉状か粒状などの植物たんぱく食品を例に考えても、小麦タンパクと大豆タンパクの性質が類似しているとはいえ、それぞれに長所、短所を持っている。そこで各タンパク質の特徴をよく知り、対象食品に適したほうを使いわければよい。かような副資材の特徴を把握するには、成分数の少ない組成で基礎的なテストをいくつか試み、積み重ねて後、まとまった総合テストを行なうべきであろう。さもないと、複雑な多成分系の食品ではファクターが多過ぎて、一つの副資材の優劣比較は誤まった結果を生ずるおそれもある。ロースハムに対する各種保水剤の比較試験も、下手をするとロースハム成分の肉部と脂質部との組成比、または肉質の差などから、求められた結果は実験したハム試料間のバラツキの影響を受け、保水剤の効果とは無関係なことにもなりかねない。

副資材はいつ加えたならばよいのだろうか？という配合の添加時期は、製造上で大切なことである。たとえばハンバーグ原料を配合する場合は、どんな種類（赤パン粉、生パン粉、ドライパン粉など）のパン粉をどの時点で加えるべきか、またソーセージ原料の配合時に副資材や添加物をいつ添加したならばよいか。かようなことは、各副資材の性質や、なんのために加えるかの目的を理解すれば自然に決まってくる。また、添加順序に関係なく、配合表通りにすべての素材を一度に混ぜあわせれば、つくろうとする加工食品らしきものはできよう。しかし、これでは素材の性質を食品に十分いかしたものとはいえない。特に食品添加物は必要最少量を用いて、最大の効果を発揮するような工夫が必要である。同じ素材を使って、よりよい製品をつくることが、技術のＴＰＯといえる。

食品添加物の使用にあたり、単品そのままでよいケースもあれば、どうしても配合製剤や加工製剤の形にしないと使いにくいケースもある。

たとえば、量的使用基準のある食品添加物の微量を、多量の食品中に均質混合することはむずかしい。そのため、あらかじめテンプン、食塩、糖質のような添加量規制に無関係な物質で希釈した製剤を用いた方が好ましい。また、ＣＭＣ、アルギン酸ナトリウム、天然糊料のごとき増粘剤を単独で水に溶解する際にママコになりやすいので、この場合にも混合製剤が適している。

その上、工場で毎日毎回、多種目少量の添加物を秤量することは、配合の誤りをおかす恐れも、それだけ多くなる。これを防ぐには、工場であらかじめまとめて配合しておくか、または配合品をミックス専門の業者につくらせた方が、多少のコストアップになっても、全体的に見ればプラスであろう。ただし、製剤を配合する場合、酸とアルカリ、酸化剤と還元剤など、配合成分同士で反応し、ともに分解する組合せもあるので注意を要する。医薬と同じような配合禁忌相当の場合もあるのだから。かような反応性成分の組合せの製剤は、別の手法で調製できる。

リン酸二ナトリウム（無水）という弱アルカリ性の添加物がある。このものは水に接触することで、直ちに結晶水を付加し、硬い塊状物となる。この現象をセメンティングと呼び、一度塊化すると、なかなか水に溶けにくくなる。その上、セメンティングの際、水和による結晶化熱を発生するので、魚肉すりみに添加するような場合、局部的に昇温するので好ましくない。このような性質を持つ添加物は、前記の製剤の形か、あるいは水に溶かして用いることがよい。

加工機械、装置の進歩は著しいものがある。しかし、どうしても機械化できない工程もあるが、それはさしつかえはない。現状で機械化できる工程だけから始めればよい。

すぐれた機械の出現で、食品の配合組成を変えることもある。たとえば、ホモゲナイザーの進歩によって、乳化剤の添加量を減少させ得たこと。そのような理由からも、新しい加工機械を設置したときは、配合組成を再検討する必要があるのではないか。肉だんごやハンバーグの配合比は無限にある。現在、事故なく生産されている製品も、機械新設と関係せずに、時には現時点で見直してみたい。

生肉に関係深い機械、たとえばコロッケ製造用のチョッパー、ミキサー、成形機などは、部品の取り付け、取りはずしが簡単で、洗浄や殺菌を容易に行なえる構造でなければならない。また、これらの機械は、直接に水をかけて洗浄できるよう電源スイッチの完全防水が望ましい。しかし、すべての理想にピッタリの加工機械はあり得ない。そこで、一般に市販している機械を購入してから、自工場の生産体系や処理技術に適した機械に改造していくべきであろう。ただし、PL法の責任は自社で持たねばなるまい。その一方、原料配合比率や、配合物のテクスチャーを機械にあうように と、機械、配合物の両面から合致すべく歩み寄ることも大切である。

先に原料の項で、トマトジュース缶のスズについて記したが、加工の場合もスズの溶出促進因子があり、それを防ぐための手法がなされている。すなわち、

(a)　用水中に含まれる硝酸イオン
これには、陰イオン交換樹脂塔を通して、除去する。

(b)　かん詰めのヘッド・スペース
かん詰め上部の間隙部の空気（酸素）がスズ溶出の触媒となるため、この部分を少なくしたり、真空度を高めたりして、缶内の残存空気を減らす。

(c)　酸味料のフマル酸不使用

他の有機酸に較べて、フマル酸はスズ溶解性がはげしいので、フルーツかん詰めの酸剤には使用しない。

等々、スズ溶出の原因が発見されれば、対策は立つ。

刺身として美味な生食用の魚肉や、イカにも寄生しているアニサキス幼虫は、消化管壁に炎症を起こさせる。この幼虫が冷凍に弱いことがわかり、マイナス二〇℃で二十四時間の凍結で、イカの刺身も冷凍品ならば安心して食べられるようになった。要は相手の性質をよく知ることがＴＰＯの技術に通ずるわけである。このように食品の冷凍処理が殺虫処理に使えるから面白い。

プラスチックの進歩とともに、包装材も多種多彩である。特にラミネート技術の発展は、それぞれのフィルムの特質をいかして、相剰的な利用分野を広げつつある。たとえば強度の改善、ガスバリア性の調整、紫外線透過対策などあげられよう。

また、皮を〝食べる包材〟と考えれば〝モナカの発想〟は興味深い。モナカの皮は食べられる容器であり、あんタップリながらいくつもつみ重ね得る。ソフトアイスクリームのコーンは、断熱性包装材であり、日本古来の〝海苔〟も海苔巻に使う包装材、とある工業デザイナーの見方[5]はＴＰＯの活用面で共感を呼ぶところである。最近では、フライドポテト製の容器が可食性包材として利用されてもいる。

「物理」の教科書にあるベクトルでも図１・２のように発想の進め方を、それぞれの時点で自由にアレンジできることを忘れてはならない。

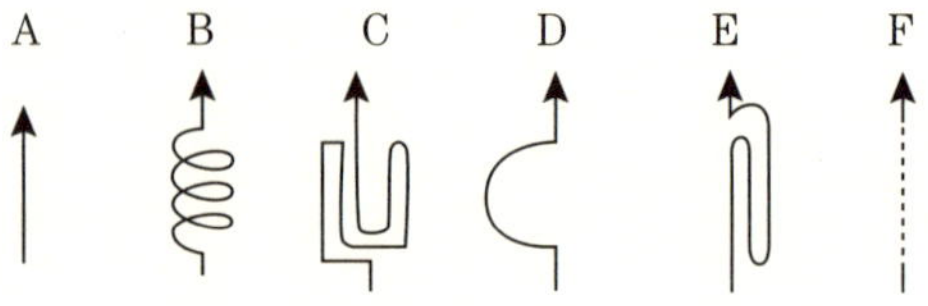

図 1.2　考え方のベクトル

c．販売から消費まで

製品をつくった以上、消費されるまでの過程もメーカーは責任を持たされる。それは、販売、消費の際のクレームが、たとえ販売者、消費者の取り扱いが悪かった原因にせよ、結果的にはメーカーの責に帰されることが多いためである。メーカーが販売店や消費者に、商品である加工食品の正しい取り扱い方法を、十分に啓蒙することは、生産管理と並んで重要なことである。衛生的に完全で、しかもおいしくと苦労してつくった冷凍調理食品でさえ、流通状態や、消費者の取り扱いがわるければ、非冷凍食品より風味やテクスチャーの劣化、そして痛みを速める場合が少なくない。

原料、加工の項に続けて述べたかん詰めの溶出スズ問題は、この流通、消費段階でも再度例として取りあげることができる。すなわち、かん詰めの陳列や保存は、高温になる場合を避けること、一度開缶したならば、かん内の雰囲気が全く変って、スズを溶解しやすくなるため、他の容器に移すことなどが望ましい。時間的に考えても、食品加工に要する時間よりも、流通から消費までの方がはるかに長時間を要する場合が多く、その間の品質保持のTPOも無視し得ない。かん詰めの溶出スズの問題ひとつを考えても、消費に至るまでに関連する因子は数多く、これらをシステマティックに眺めての問題解決が望まれる。保存方法の表示を含めて、いかに効率的に目的を達するかである。

また、食品の事例ではないが、『練り歯磨き』商品においても、虫歯、歯周病、口臭の予防や美白効果など、多くの機能を持つので、時には当初目指した主目的を変えたり、広げたりするフレキシブルさも持ちたい。

3．加工技術からみては!!

複雑な多成分系より成る食品の加工技術も、各因子をバラバラにほぐして考えてみると、いろいろの改良、発展の方法が生れてくる。

たとえば、A・F・オズボーンのいうアイデア開発手法は、

(1)　他への使い道は？

(2)　他からのアイデア借用は？

(3)　一部を変えてみたら？

(4)　拡大または縮小は？

(5) 代用したならば？
(6) 交換は？
(7) 逆にしたならば？
(8) 組合せは？

等々、多くの手法があり、これらのＴＰＯ的運用いかんにより、飛躍が生れるであろう。

第2章　無機塩の利用

食品加工において、無機塩を利用することが実に多い。たとえば、栄養を目的としたミネラル分、造塩反応を利用した硬化剤および不溶化剤、天然色素などの色調を維持する安定剤、また、コンニャクや豆腐のような加工食品に必須の副資材として等々、これらの用途は多目的、多方面にわたっている。

これら食品加工に使われる無機塩は、食品に添加して効果をあげる食品添加物から、C－エナメルに用いる酸化亜鉛のごときものまで、それぞれ独特の機能をもつ。

少し専門的になるかもしれないが表2・1のごとき『元素の周期率表』がある。これは元素を原子量の小さいものから順に並べていくと、一定番目ごとに前の系列と同じ順序で、似た性質のものが周期的に現われてくる法則をまとめた表だ。たとえばナトリウムとカリウム、また、マグネシウムとカルシウムの性質が似ることも判ろう。また、銀と金が上下関係にあり、さらに合成樹脂（炭素中心）に対し、珪素（シリコン）樹脂、チタン樹脂もある。従って時にはこの周期率表をヒントにすることも問題解決に役立とう。

なお、ここでは、食品に関係深いカルシウム、マグネシウム、鉄などの二価および三価の金属塩

表 2.1　元素の周期率表

周期＼族	I	II	III	IV	V	VI	VII	VIII	0
1	$_{1}$H（水素）								$_{2}$He
2	$_{3}$Li	$_{4}$Be	$_{5}$B	$_{6}$C（炭素）	$_{7}$N（窒素）	$_{8}$O（酸素）	$_{9}$F		$_{10}$Ne
3	$_{11}$Na（ナトリウム）	$_{12}$Mg（マグネシウム）	$_{13}$Al（アルミニウム）	$_{14}$Si（珪素）	$_{15}$P（リン）	$_{16}$S（硫黄）	$_{17}$Cl（塩素）		$_{18}$Ar
4	$_{19}$K（カリウム） $_{29}$Cu（銅）	$_{20}$Ca（カルシウム） $_{30}$Zn（亜鉛）	$_{21}$Sc $_{31}$Ga	$_{22}$Ti（チタン） $_{32}$Ge	$_{23}$V $_{33}$As（砒素）	$_{24}$Cr $_{34}$Se	$_{25}$Mn $_{35}$Br	$_{26}$Fe（鉄） $_{27}$Co $_{28}$Ni	$_{36}$Kr
5	$_{37}$Rb $_{47}$Ag（銀）	$_{38}$Sr $_{48}$Cd（カドミウム）	$_{39}$Y $_{49}$In	$_{40}$Zr $_{50}$Sn（錫）	$_{41}$Nb $_{51}$Sb	$_{42}$Mo $_{52}$Te	$_{43}$Tc $_{53}$I（ヨード）	$_{44}$Ru $_{45}$Rh $_{46}$Pd	$_{54}$Xe
6	$_{55}$Cs $_{79}$Au（金）	$_{56}$Ba $_{80}$Hg（水銀）	ランタノイド 57～71 $_{81}$Tl	$_{72}$Hf $_{82}$Pb	$_{73}$Ta $_{83}$Bi	$_{74}$W $_{84}$Po	$_{75}$Re $_{85}$At	$_{76}$Os $_{77}$Ir $_{78}$Pt	$_{86}$Rn
7	$_{87}$Fr	$_{88}$Ra	アクチノイド 89～103						

を中心に無機塩を考察したい。

1．強化剤としての無機塩

食品の栄養強化を図るため、無機塩がミネラル分として利用されているが、これらはいずれも食品添加物である。

人体の無機元素の組成は

カルシウム	一・五　～二・二％
リン	○・八　～一・二％
カリウム	○・三五　％
ナトリウム	○・一五　％
塩素	○・一五　％
マグネシウム	○・○五　％
鉄	○・○○四　％
銅	○・○○○一五　％

（食品添加物関連の元素のみ記載）

であり、その生理的な役割も認められている。

無機塩の体内における機能は
(a) 体内のpHや浸透圧の調整。
(b) 体内酵素の成分。
(c) 難溶化して、骨、歯の主成分。
など、生命を維持するために必須の働きを示す。

食品添加物の無機塩強化剤は、カルシウム塩、鉄塩および銅塩などが指定されている。

(1) カルシウム分の強化

重要なミネラルで、リン酸塩または炭酸塩の形で、骨や歯を形成する主成分である。また、血液の凝固、心臓機能の調節にも役立つ。

カルシウムの所要量は、成人で〇・六グラム、妊婦は〇・七～一・四グラムといわれる。なお、カルシウムの絶対量が必要なことと共に、リンとの摂取比率も大切である。その比は成人で一対一程度を要し、日本人は一般にカルシウムが不足気味のため、加工食品への強化がとくに望まれよう。

最近、縮合リン酸塩類が多くの食品に添加されることから、その過量使用を抑えるための規制も考えられている。この縮合リン酸塩は、金属イオン封鎖性や界面活性などの特性を有し、食品の加工や保存に有益な働きを示すので、単にカルシウム、リンのバランス問題の有害性を解決するだけならば、炭酸カルシウムのような不溶性塩との併用がよいのではないか。また、食品加工の第一工程で縮合リン酸塩を用い、その働きを十分活用した後で、水溶性カルシウム塩で第二工程を行なう、というタイムラグを持たした添加法も可能であろう。

なお、食品添加物指定のカルシウム塩は、クエン酸カルシウム、乳酸カルシウム、炭酸カルシウムなどをはじめとして十数種類あるが、食品の製造、加工上必要不可欠、または栄養の目的以外の使用はできない、そして添加量に制限があるなどの使用基準が設けられている。

(2) 鉄分の強化

体内で赤血球の血色素、また細胞中に酸化酵素の成分として、鉄分の役割は大きい。鉄の所要量は、一日一〇ミリグラムといわれ、消化管内で二価の鉄に還元されてから吸収するとのこと、それゆえ、三価の鉄塩より二価の鉄塩の方が吸収率は大きい。乳酸鉄、コハク酸・クエン酸鉄ナトリウムなどの鉄塩が食品添加物として指定されている。ビスケットや調製粉乳などの強化に用う。

2. 発酵助剤としての無機塩

醸造用水として有名な兵庫県の宮水の分析結果の一例を次に示した。[1]

pH　六・九

蒸発残渣	二七一	ppm
シリカ	一一・七	ppm
鉄	○・○○二	ppm
アルミニウム	○・二六	ppm
カルシウム	三六・四	ppm
マグネシウム	四・七	ppm
マンガン	○・○○七	ppm
カリウム	一八・一	ppm
ナトリウム	二八・八	ppm
リン	二・六六	ppm
硫酸	二二・七	ppm
塩素	二九・○	ppm
硝酸態窒素	三・八	ppm
その他	(略す)	

以上のように多種の成分を含む。これらがすべて醸造に有意義なものとはいえないが、カルシウム、リン、硝酸態窒素などは有用な成分である。

醸造用水の硬度補強に、硫酸カルシウムや塩化マグネシウム等を添加して発酵力を強化し、また、リン酸アンモニウムやリン酸カリウムは、酵母の増殖に必要な窒素源、リン酸源、カリウム源など栄養素として働く。

製パンの際、酵母の発酵を助け、パン生地の状態を改良し、すだちや触感の向上に用いるイースト・フードにも、次例のように無機塩が含まれる。

硫酸カルシウム	二四・九三％
塩化アンモニウム	九・三八％
その他	（略す）

また、消化酵素のジアスターゼも、カルシウム塩との併用によって、その作用を十分に発揮できるものである。

かように無機塩は、人体に対しての栄養強化のみならず、酵母や酵素の働きを助ける強化剤としても利用されている。

3．硬化剤としての無機塩

カルシウムやマグネシウムなどのアルカリ土類金属塩、および鉄、またはアルミニウム塩は、食品成分のタンパク、ペクチン質などの高分子物質に反応し、これを硬化する作用をもつ。

果実かん詰の場合、果肉の崩れを抑制するため、塩化カルシウムや乳酸カルシウムなどを利用している。たとえば、白桃、リンゴ、トマトかん詰における果肉硬化により、製品の価値向上に役立つ。

トマトのソリッドパックの品質は、果肉がしっかり保形していることが重要である。完熟したトマトは製造操作の間、軟化したり、肉崩れしやすい。これを防止するための果肉硬化剤として、塩化カルシウムを用いる場合があり、トマト果肉中のペクチン酸と反応し、果肉内でゲル構造を形成し、細胞組織を保護し、トマトの硬さを維持する。塩化カルシウムは、食塩とよく混合して粉末状態で添加される[2]。

また、リンゴ果肉は凍結後に解凍すると軟化する品種があるが、これを防ぐため、ブランチング前に塩化カルシウム溶液で処理するとよい[3]。

一般に漬けものは、その味とともにかんだ時の歯当りや、パリパリという音にそう快さを感じるテクスチャーからの旨さを持つ食品である。そのため、漬けものに使う食塩が、精製塩よりも粗製塩が好まれるのも、粗製塩中にカルシウムやマグネシウムなどの苦汁（にがり）成分が存在しているからである。これら苦汁成分は、原料野菜類を硬化させ、漬けものとしての品質の向上に関与している。ラッキョウの酢漬けの軟化防止に塩化カルシウム、また、小梅漬けに明ばんを加えて歯切れをよくし、歩留り向上にも効果がある。

アルミニウムを含む昔からの食品添加物、明ばんはタンパク質に対し収れん性をもつため、化粧品（皮膚の組織を引締め発汗を抑制する）や医薬にも用いられている。食品に対してもこの性質を利用し、ナマコの身くずれ防止に、また、煮ダコをつくる際の塩もみ工程に明ばんを併用して、製品の肉質をしめるに役立つ。

その他、チーズ製造時に、牛乳の凝固を助ける目的で、〇・〇二％以下の塩化カルシウムを用いたり、軟質のわかめを明ばんで処理して硬さを増し、また、はるさめに少量添加することで製品の耐熱性を高めたり等々、無機塩の利用範囲は実に広い。

4．沈殿剤としての無機塩

浄水場で河川の水を飲用水化する際、水に溶けないコロイダル状の濁度成分を除去するために、ポリ塩化アルミや、明ばんに関係深い硫酸バンド（硫酸アルミニウム）を使うこともある。後者の反応は

硫酸アルミ＋水──→水酸化アルミ

となり、生成したモヤモヤ状の水酸化アルミの沈殿が、濁度成分を道連れに共沈するわけである。この反応は、工場廃水処理の中にも組み込まれていることが多い。

魚肉から冷凍すりみをつくる場合の大切な工程に、魚肉の水晒しという処理がある。採肉機にかけられた魚肉には、皮、魚油、血液などが混入しており、汚れははなはだしい。これらの汚物とともに、カマボコの弾力形成にマイナスの水溶性タンパクを除くため、水晒し（水洗）を行なう。し

かし、この廃水はタンパク質を多く含むのでＢＯＤが高く、公害問題を起す可能性が大きい。そこで明ばん、塩化カルシウム、塩化マグネシウムなどで、晒し済み廃水中に含むタンパク質その他を造塩沈殿させ、これを取り出して肥料や飼料化する晒し廃水処理が研究され、一部実施されてもいる。この方式は原料の完全利用、および公害対策の両面からみても、有意義なことといえよう。

一方、カニ、サケなどのかん詰に、硝子片状結晶として生成し、しばしばクレームの原因となるストラバイトの問題がある。このストラバイトの一成分であるリン酸分を、水溶性アルミニウム塩添加で、リン酸アルミの形に変えて沈殿させ、ストラバイトの生成防止を図る方法もある（第４章障害イオンの封鎖参照）。

５．安定剤としての無機塩

昔からナスの漬けものに明ばんを加えて、食欲をそそる鮮明な紫色に固定することは、一般家庭でも行なわれる発色法である。これはナスの色素、ナスニンと明ばん中のアルミニウムが反応し、紫色の色素を生成したことによる。このナスニンはアルミニウムとだけではなく、鉄とも反応して紫変する。そのため、ナスの糟漬けには古釘を入れることさえ行なわれる。かって東京都から賞を受けた発明に、釘ではなしにパチンコ玉のような鉄球を漬けもの中に加えたアイデアがあった。これは素手で糟みそをかき回しても、釘と違ってケガのおそれがない点の工夫が認められたのであるう。

緑色野菜の色調を安定化するには、既に食品添加物を削除されて現在は使用できないが、硫酸銅が卓越した効果を示してきた。

緑色野菜の色素は、その名の通り葉緑素（クロロフィル）であり、末端構造では少し違う部分があるが、人間の血液（ヘモグロビン）と類似した化学構造のポルフィリン環（図２・１）をもつ化合物で、環の中心にはマグネシウムが入っている。この天然色素は不安定であるが、硫酸銅で処理し、マグネシウムを銅で置換すると、鮮やかな緑色となって安定化する。また、銅の代りに鉄塩の使用では、ある程度の発色安定性が向上するとはいえ、色調は銅クロロフィルにくらべて緑黒色で、耐光性もやや弱い。

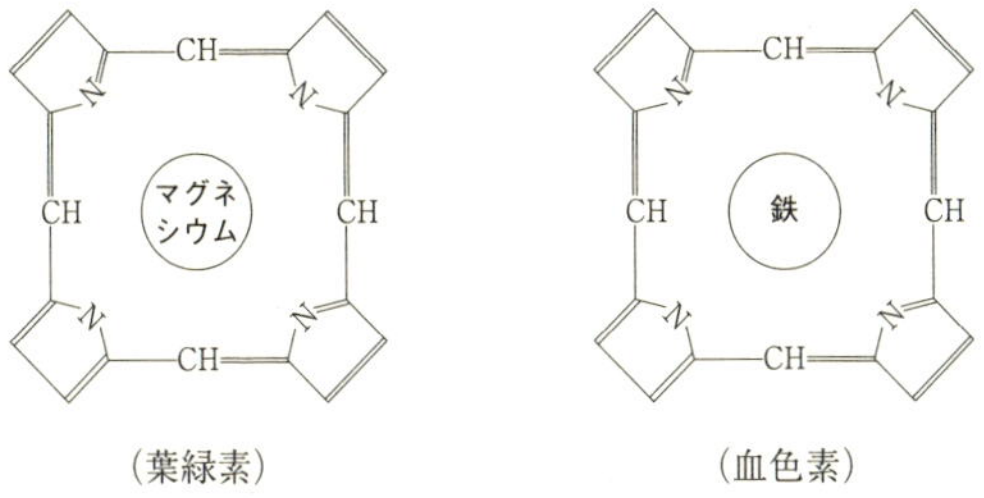

図 2.1　ポルフィリン環化合物の仲間（イメージ）

硫酸銅なき後の野菜の緑を安定化すべく、数多くの研究がなされているが、いずれも硫酸銅の効果にまだまだ及ばないのが現状といえよう。

たとえば、ソラ豆の湯通しのときに水酸化カルシウムを使い、pHバッファーを兼ねて色調を安定化する方法、また、水酸化マグネシウム含有の樹脂をかん内壁に塗布、焼付し、緑色野菜かん詰の貯蔵の間、水酸化マグネシウムが徐々に溶出していき、クロロフィルの安定化を図る等々の考案がなされている[4]が、実効は疑問の点が多い。銅を含む葉緑素の緑色が非常に鮮明なので、その化合物、銅クロロフィリンナトリウム、銅クロロフィルなどが着色料として食品添加物に指定されているほどである。

食用タール色素をアルミニウムレーキ粉末の形にすれば、水溶性食用色素より優れた特徴を生み出す場合もある。

ポルフィリン環の外側に付く分子は多少異なるが、肉色素や血色素の場合は環中央に鉄が入っており、植物と動物の色素に共通点があるのは自然の摂理か。

アルミレーキの特性は、

(a)　水溶性色素にくらべ、耐熱耐光性は大きい。
(b)　水溶性色素より、隠ぺい力は大きい。これは水溶性色素が染料であるのに対し、アルミニウムレーキは不溶性の顔料のため。
(c)　レーキは水を加えても、粉末状態の場合と色調は変らない。水溶性色素の場合は、赤色の色素粉末を水に溶かすと、黄色や橙色の水溶液になることがある。
(d)　pHは三・五〜九・五で安定。
(e)　レーキは色素純分が少ないので、水溶性色素の使用量の約十倍は必要である。
(f)　レーキは不溶性ゆえ、色流れを起さない点、有利。また、錠剤製造の場合に、クロマトグラフ的な分離の心配はない。

(g)　着色は隠ぺい力によるため、レーキの使用量は着色程度に比例することはない。等々、不溶性顔料としての用途は大いに考えられよう。

少し変わった不溶性着色料に『三二酸化鉄』（ベンガラ）がある。これは鉄の赤錆に相当し、近江八幡名物の『赤こんにゃく』に使われている。派手好きな織田信長の赤好みが由来というが、不足がちの鉄分補給の健康志向食品としても重宝されているとか。

植物色素との発色や安定化に、前記した漬物と同様にアルミニウム塩を用いる場合がある。たとえば、みその色調はフラボノイドという黄色の天然色素によるが、この色素はアルミニウムレーキをつくり、もとの色素より安定な鮮黄色に発色する。この反応は非常に速く、市販のみそに少量の塩化アルミニウムや明ばんを混和しただけで、すぐに明るい黄色に変るほどである。焼明ばん中のアルミニウムは一〇・四％で少ないが、それでも微量添加で結構有効性を示す。現在、味噌製造へのアルミニウム塩使用は認められていないが、化学反応の妙として学ぶ点があろう。

また、イチゴジャムや冷凍イチゴなどにもアルミニウム塩の処理は、赤色天然色素の安定に多少ではあるが役立つという。同様に、クリやサツマイモの色調を明色化するにも効果がある。

6．無機塩反応物の利用

〝畑の肉〟と呼ばれる大豆タンパクの加工品で第一にあげ得るものは豆腐である。この豆腐が大豆

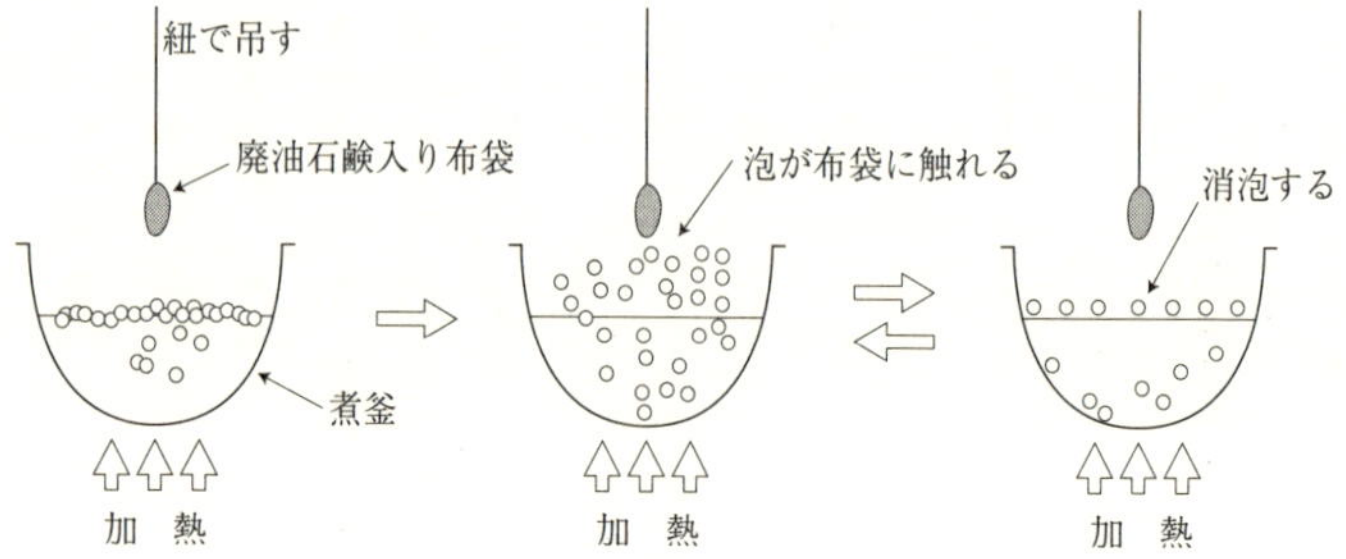

図 2.2　煮釜より豆乳泡を吹き出させないアイデア

タンパク（豆乳）を硫酸カルシウムや塩化マグネシウムで、成形凝固した昔からの伝統食品であることは誰しも知ることであろう。以前は海水から製塩を行なったときの副生物〝にがり〟を用いたが、その後、食品添加物の硫酸カルシウムが便利で使いやすいので、一般化したが、最近ではマグネシウムを含む凝固剤が再び人気を呼んでいる。

豆腐と並んで〝おでん〟材料のコンニャクもまた、水酸化カルシウムを用いてコンニャク成分をゲル化した加工食品である。水酸化カルシウムは消石灰と呼ばれ、アルカリ性で反応性も高い。こんにゃく糊は炭素ナトリウムでもゲル化するが、半濁状の白色製品ができる水酸化カルシウム使用の製品の方が好まれるようだ。この水酸化カルシウムを利用して、生肉用の可食性接着剤が開発され、生肉の定形、定重量など一定サイズへの規格化に貢献している。

消石灰の変った用途は、豆腐製造時の消泡剤である。使い古した油揚げ用の廃油に消石灰を加えてつくるこの自家製消泡剤の主成分は、廃油を水酸化カルシウムで鹸化して生成したカルシウム石鹸である。かつては図2・2のように廃油カルシウムの入った布袋を、大豆水煮釜の上部に吊り下げておき、煮立った豆乳泡と接し、そのラインで消泡させる実用アイデアがあった。この金属石鹸は、〝加熱によって酸化や重合、分解されて、痛んだ廃油〟を原料にしたものが、消泡効果が大きいといわれたが、衛生上好ましくなく、今日では使われていない。

アラメ、コンブなどの褐藻類から取り出すアルギン酸ナトリウムは、カルシウムをはじめとした多くの金属塩と反応して不溶物を形成する。以前にアルギン酸ナトリウムを水に溶かし、細かいノズルより金属塩水溶液の浴中に押し出して紡糸して、体内では可溶性になり得るガーゼなどをつくられたこともある。

アルギン酸カルシウムのゲルは、食品工業にも応用した研究もあった。たとえば、冷凍魚のグレーズ（第7章食材のコーティング参照）の場合、第一浴はアルギン酸ナトリウム水溶液、第二浴は塩化カルシウム水溶液とし、冷凍魚の魚体表面で両者を反応させ、衝撃強度が高く、氷衣の付着量も多いゲル皮膜を生成、魚体を保護する。一方、大豆や小麦の植物タンパクと少量のアルギン酸ナトリウム水溶液を十分に混和し、次いで、硫酸カルシウムなどのカルシウム塩を加えて全体をゲル化させるという結着剤的な役目で使ったイミテ食肉製造法もある。実用化されているのはイクラのコピー商品で、植物油、調味料、アルギン酸ナトリウムなどの水溶液をカルシウム塩水溶液中に滴下し、小球状に固めたもので、本物のイクラ成分を加えない場合、魚くさくないと現代人に好評とは皮肉だ。

健康志向の組織状（ひき肉状）タンパクも、植物タンパクをカルシウムやマグネシウムなど無機塩の処理で製造したものである。特に大豆タンパクをあのように組織化するには、どうしてもカルシウムなどのタンパク凝固剤なしではつくり難い。

周知のようにプリンや水ようかんに用いるカラギナンというゲル化剤がある。このものは紅藻類から抽出、精製した高分子多糖類であり、カリウム、アンモニウム、カルシウムなどの無機塩によってゲル化するが、このゲル化剤の中、一価のカリウムのゲル化性が強い。そこで、カラギナンとカリウム塩の併用品を使う場合が多い。

7．その他の無機塩利用

味に金属イオンが関係するという。たとえば、果実かん詰は微量のスズにより独特の切れ味が現われるとのこと。またウィスキーやブランデーも、ラフな銅製蒸留器でつくったものほど美味といわれ、高級洋酒には銅の含量が多いといわれる。この点、銅イオンのためか、分留不完全で留出した他の成分のためか不明だが、金属が食品の味に影響がありそうなことは事実といえよう。

無機塩の中、塩化カルシウムは冷凍用ブラインに多用されている。食塩ブラインとの最低凍結点の比較は表2・2のごとし。低温度を望むならば、塩化カルシウムブラインの方が適している。

カマボコ製造の場合、すりみ中に少量の塩化カルシウムを添加することも行なわれる。それは坐り法との併用が普通であるが、塩ずりにより解膠した魚肉タンパクのカルボキシル基が、カルシウムによって架橋、そしてネット構造が形成して弾力が生れるのではないかと考えられている。ただ、カマボコへの使用法は、カルシウム=タンパクの反応が速いために、添加量や添加法には種々の注意を要する。

珪酸カルシウムや多少の吸水性を持つサラサラした珪酸アルミニウム系の不溶性・鉱物性物質粉体を、ベーキング・パウダー、バニラ粉末、粉乳、粉末クリーム、ガーリック粉末等々の吸湿により凝固しやすいものに配合すれば、凝固防止に役立ち、流動性付与の作用も果す。

表 2.2

品　名	塩類濃度（%）	凍結点（℃）
塩化カルシウム	29.9	零下55.0
食　　塩	23.1	零下21.2

かつてオーストラリアのサンゴ礁に異常発生したオニヒトデの駆除に、銅イオンが有効なことを発見、硫酸銅と動物性のゲル（にかわ質）を混ぜ、網目状のビニルパイプにつめて海底に敷設した事例もある。食品加工に使用禁止となった硫酸銅は、今度は場所を変えて有害なヒトデ退治に役立っているとは面白い。また、靴下に銅繊維を混ぜ、足のむれ臭防止と水虫対策を兼ねた商品もあり、考え方は同じか。

その他、鉄塩を使って、かつて麺類に添加したことがある過酸化水素の分解法、また今日には広く応用されている活性化鉄粉を使って袋内の酸素を触媒反応で消失させる脱酸素剤としての利用等々、興味ある方法も多い。

第3章　食品加工技術の手法―分離・除去

最近大きな社会問題になっている大気汚染、排水汚濁などの公害に対する処理は、空気や水を汚染する微量の有害物質の発生防止、およびその除去にある。かつては、自動車の排気ガスにおいても―①アンチノック剤四エチル鉛の添加量を減らし、または添加しないこと、②それより無害な代替品の開発など、燃料面から組成改善をはかるいき方。③他方、二次的な燃焼装置（アフター・バーナー）の取り付けによりガソリンを完全燃焼させ、一酸化炭素を無害な炭酸ガスへと酸化、変換させる燃焼装置面での改良、④さらに、ガソリンそのものを否定した電気自動車の開発―と考えを進めていった歴史を持つ。

公害発生源の工場は、いかに有害ガスの排気量や汚染排水量を減らすことができるかと、生産体系すべてを検討し直すのが公害対策の基本である。それによって、まず公害成分の生成、排出を可能な限り少なく抑え、その後、各公害成分に適した効率のよい処理技術で除去しなければならない。

これらの処理として、排気中の水溶性汚染物質の除去には撒水シャワーで溶解する方法、酸またはアルカリ性気体には中和法、有機性気体には活性炭吸着性および燃焼法等々。一方、排水処理には懸濁粒子の凝集、沈殿あるいは浮上による分離、そしてある種の有機物は活性汚泥処理で分解除去、または嫌気性消化法等々あり、適応した多くの手法で公害物質を除いていく。

かような除去処理を機能的に分類してみると、分解除去および分離消滅の二つの方法になろう。食品工業の場合も排水処理と同様で、不要成分の分離、分解を行なう除去操作は、製品をつくるための原料処理、調理加工などに、すべて関与している。このうち、ここでは機械的な分離法、滲透圧、吸収、吸着を利用した脱水法、凝集など分離を中心とした手法を述べたい。

1. 機械的な分離法

(1) プレス

かまぼこ、ちくわなど水産ねり製品の製造に使う採肉機は、圧力を利用して魚体の肉部と皮骨を分離する機械である。かってはスタンプ式とロール式に機構上わけられているが、両者を併用した機械もある。当然のことながら、プレス圧を高めれば採肉率は向上する。しかし、欠点として肉部に魚皮や血合（ちあい）の混入は避けられない。そこで、適宜にプレス圧を変え、一番取り、二番取りを行ない、上ものかまぼこ向けと下級（?）のさつま揚げ向けとに原料を使いわけている。

採肉に続いて、得た魚肉を水で晒す。その後、水を含む晒し肉をスクリュー・プレスにかけ、肉部に含まれる過剰の水分を分離するが、以前は晒し肉を布袋に入れ、油圧プレスで脱水していた。

一般にプレスの場合、分離効率の点から適圧適時間処理が好ましい。また節類の製造においても、原料になるサバやイワシが、季節的に油がのり過ぎることもあろう。この場合、原料魚を蒸煮してからプレスで圧搾し、含まれる魚油の多くを分離除去する前処理で行なうこともある。この結果、できた製品の節は油焼けも少なく、保存性もよいすぐれた品質となる。一方、漬けものの重石も、プレスによる脱水を利用した分離の手段といえる。

プレスを行なう際、ただ圧力を高くあげる方向に進むだけではなく、食品自体の組織を脱水しやすいような状態に、あらかじめ持っていくのも大切なことではなかろうか。たとえば、保水剤の作用を打ち消すようなスポンジ化処理も考えられる。

(2) 遠心分離

木箱の中にハチの巣を作らせ、蜜がたまると遠心分離機で振り出すハチ蜜採取法は、同じ巣が何回も使用でき、しかも昔のように年一回という採取法でないことなどメリットは大きい。また、タコつぼに入ったタコを取り出すにも、遠心分離機が利用されることも面白い。このほかのタコ取り出し法は、タコつぼの底を加熱する温度変化による分離法もある。

遠心分離ではないが、野菜類の皮むき機（ピーラー）も遠心力と回転を利用した機械である。底部にグラインダー質の円板が回転しており、その上に投入されたバレイショは流水のもとに円板、あるいはイモ同士でぶつかりあい、剥皮、すなわち、皮を分離する。

その他、前述のねり製品の中間体は、水晒し肉の脱水に遠心分離機が使われることもあり、また、果汁類の凍結濃縮に際して氷結晶の分離や、割卵、油脂の精製など遠心力の用途は広い。

魚の干物製造での乾燥にはハエが寄ってくる。そのため今日では乾燥室内で行うことが多いが、写真のようにひらいて食塩処理した魚を金属輪に吊し、中央のシャフトを回転させる「回転乾燥機」が開発されている。この場合、ハエもつかない上、乾燥速度も早く衛生、品質面でよい製品ができる。

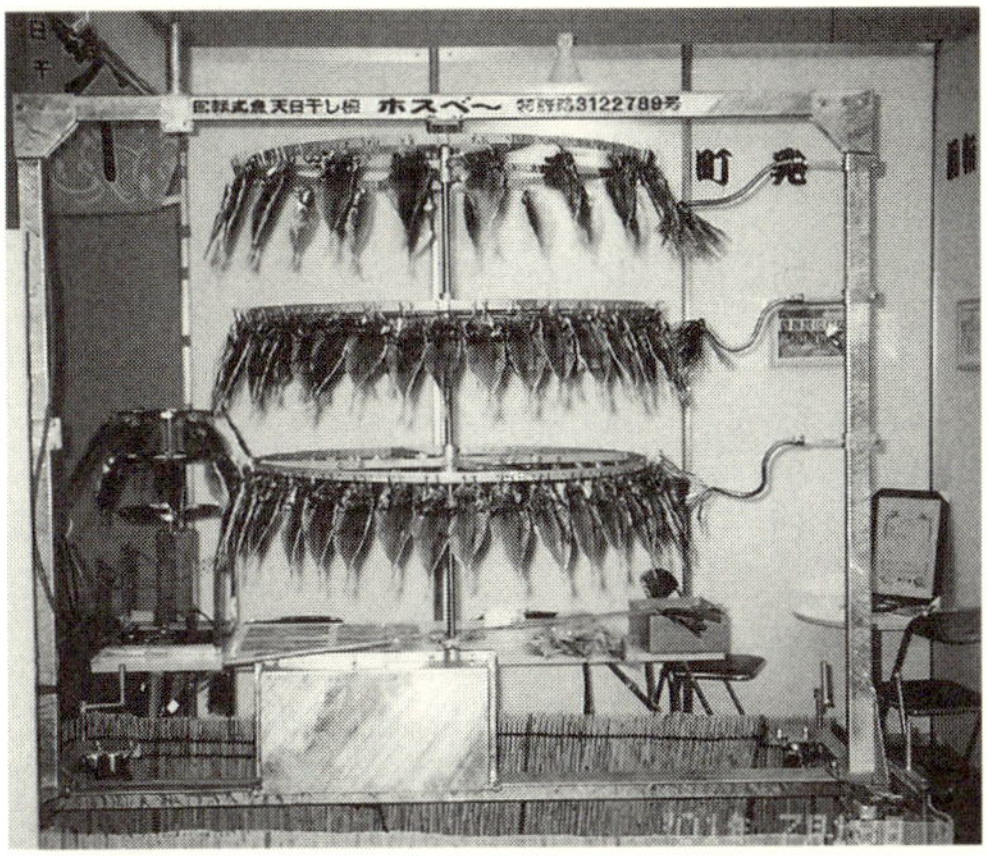

写真　ハエも寄つかない干物製造用遠心回転乾燥機

(3) ろ　過

しょうゆ製造の際、もろみを分離するのにナイロン繊維製ネットをろ布としてはじめは自然ろ過、続いて圧搾をかけて十分に搾る。また、テングサ、イギス、オゴノリなど紅藻類を稀硫酸水溶液と煮込んで寒天をつくる場合、できたトコロテン溶液をすのこ張り木枠中のナイロンネットの袋に汲み入れ、袋口をしばり、槓子（てこ）を利用して圧搾ろ過し、海藻粕を分離する。

連続式のフライヤーに使っている揚げ油は、カツ、コロッケ類の被フライ食品中の水分蒸発による加水分解、高温状態で空気にさらされて酸化などを受けやすく、分離、重合、特にパン粉の落ちによる油の痛みや汚れははげしい。その結果、製品に黒褐色の油粕が付着することにもなる。また、この油粕が過熱されると、フライ油の酸化促進因子になるので好ましくない。かような障害が起こらぬように、毎日の作業終了時に吸着剤を用いてのろ布ろ過で、揚げ油の精製を行なう。

また、発酵工業をはじめ、微生物の影響が大きい食品工業においては、静電気集塵、ろ過などの方法で空気除菌を行なっている。この場合に使用するフィルターも、従来の綿材からグラスウール、ＰＶＡフィルターのような沪材に発展しつつある。果汁、ビール、ワインなど液状食品の除酵母にもろ過が利用され、熱に不安定で、加温食品製造に役立つ。かような沪材の進歩のおかげで酵母を除去でき、加熱殺菌を必要としないびん詰め生ビールの出現を可能にした。

水産物の漁獲に網類を使用することも、大海中に遊泳する魚類を取り出すため、海水と分離するスケールの大きなろ過と考えられる。近年、膜分離技術も実用化されてきた。

(4) 乾　燥

加熱により食品中の水分を蒸発させて除去する脱水法である。この場合、加熱による食品組織の変質、風味の変化などを避けるため、最近では低乾燥温度で真空状態下による凍結乾燥も行なわれつつあり、コスト面に難があるが、水戻りのよい高品質の製品ができている。

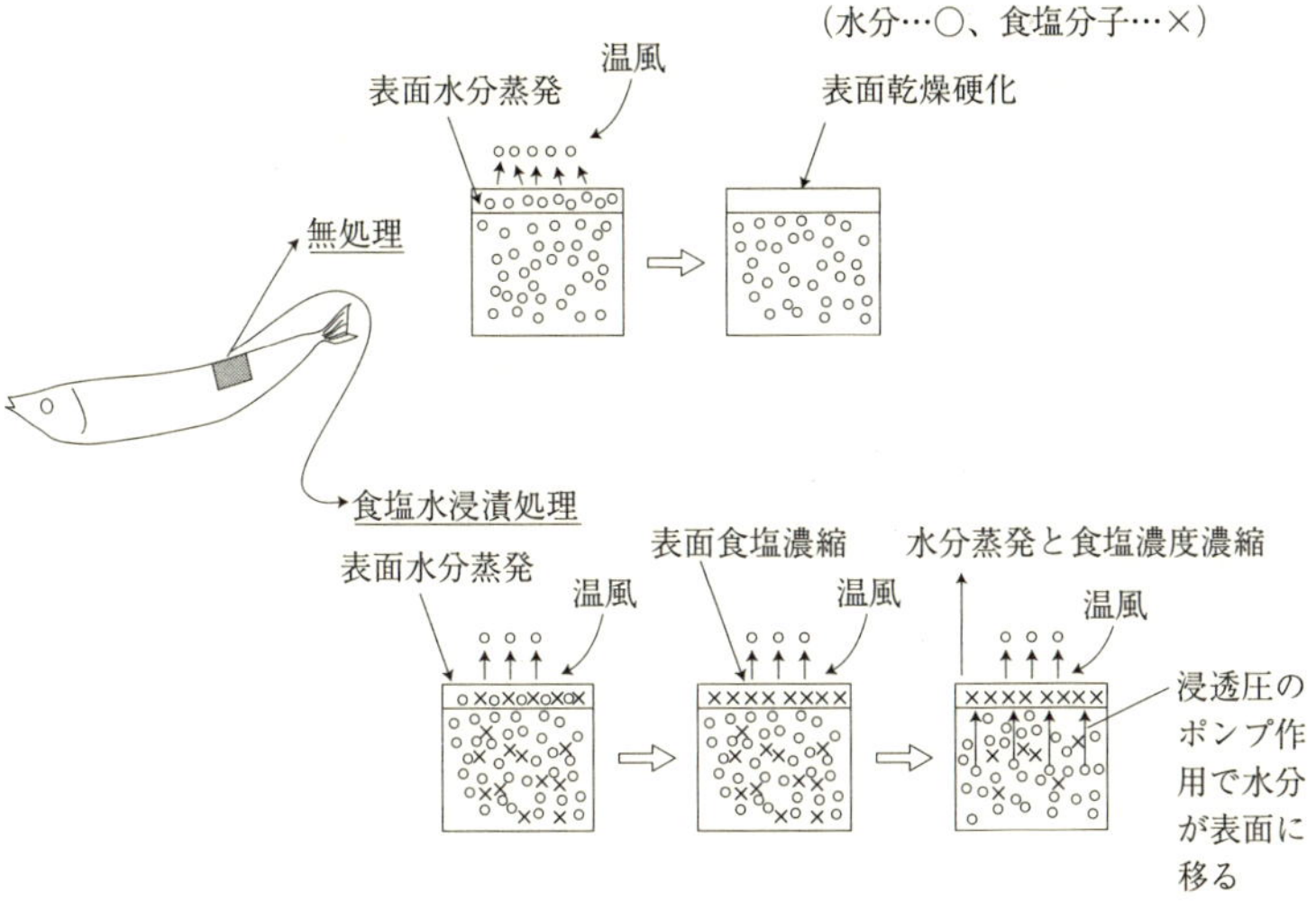

図3.1　シシャモ乾燥時の食塩効果

乾燥は脱水操作のなかでは簡単に考えられがちだが、実際には問題も多く、その解決に多彩の手法がとられている。

a．あんじょう

魚を塩に漬け、乾燥して塩干品をつくる際、魚体に含まれる水分は、天日乾燥により表面より蒸発していく。天気状態によっては水分蒸発速度が非常に速く、魚体内部の水分が表面にまで拡散してくるスピードが、追いつかなくなることもあり得る。こういう状態では、魚体面が乾燥し過ぎ、ヒビ割れなど商品価値を低下する原因になる。そこで、ある程度乾燥したならば〝あんじょう〟（庵蒸という漢字に意味があろう）といって半乾燥の魚体にむしろをかけ、一晩寝かして水分を均等にしてから、再び乾燥する手法を行なう。自然に生きた〝古人の知恵〟ともいえそうだ。

以前シシャモの乾燥実験を行ったことがある。先ずはシシャモ原魚を低温度の食塩水にしばらく浸漬し、それを取り出してから三〇～四〇℃の温度で風乾してつくる。その際、塩水漬けを省いて風乾したならばどうなるかと思いテストをしてみた。

結果として魚の表面のみが乾燥固化し、魚体内部は全く乾燥しなかった。そこで知ったことは魚体表面が乾くにつれ、表面に付着した食塩が濃縮され、食塩のポンプ作用（滲透圧）で魚体内の水分を表面に吸い上げることと察したわけ（図3・1参照）。

b．リフレーバー

果実や野菜Ⓐを凍結乾燥すると水分Ⓑが除去できるが、特有のフレーバー成分Ⓒも蒸散してしまう。そこで、凍結乾燥中に蒸発したフレーバーを冷却採取しておいて、その後、乾燥製品に再び戻す方法が行なわれる。これを方程式に表わせば

〔A－(B＋C)〕＋C＝A－B

と書ける。

c．メルト・バック法（melt back）

インスタント・コーヒーを凍結乾燥で製造するに、ややもすると白っぽく、そしてバルキーになりやすい。そのため、製品にこげ茶色を帯びさせる目的で、凍結乾燥工程中、適当に真空度を戻して、被乾燥物の表面を融解させてから、再び真空度を高める。この操作のくり返しで製品の色調を

調整する。

d．増し戻し法（add back）

バレイショを三〇～四〇分蒸煮して、これ、潰して後、すでに乾燥した製品をこれに混ぜ、単位当りの水分を少なくして、乾燥を容易にする方法である。この方法は、乾燥ジャガイモをわざわざ加えてから脱水するという、一見無駄とも思える手法だが、乾燥しやすい形状や組織に被乾燥食品を持っていくことのほうが、全体から見てメリットが大きいからといえよう。また、逆のケースもある。生みそは約五〇％の水分を含むが、これを真空ドラム乾燥機にかける場合は、生みそに水を追加し、水分七〇％のペースト状にして、ドラム表面温度約六〇℃で真空乾燥する。ドラムへの展着性がよくなり、薄く延ばした層になるため、乾燥効率も高まろう。

e．その他

レモン果汁を噴霧乾燥する場合、単独では乾燥しにくいので、デキストリンを二割程度加えてから乾燥する方法が行なわれる。噴霧乾燥は製品が粒状になりやすいため、ボデーを形成する物質の存在が必要になる。一方、油で揚げる方法は、脱水法として手軽で、しかもデンプン系食品のベーター化を抑制、油の風味付与など好ましい面が多い。食用油を使っての減圧フライによる低温脱水法もドライフルーツなどの製造に使われる。

2. 滲透圧による脱水

水分は食べものには必要な物質だが、微生物にとっても必要であるため、食品を保存する場合には歓迎されない。〝青菜に塩〟という言葉通り、漬ものの製造は、野菜に塩を振ったり、また、濃食塩水中に浸けたりして、滲透圧の力で野菜から水分を分離させるわけである。

しかし、食塩は単なる脱水作用だけではなく、次の働きが漬けもの製造に役立つ。

(a)　含水食品の脱水
(b)　塩味の付与
(c)　微生物の発育抑制、防腐
(d)　葉緑素の安定化
(e)　ポリフェノールオキシターゼの阻害作用による褐変防止

砂糖の場合も食塩と同様、滲透圧による脱水作用を示す。それにより防腐作用を持つので、果実や野菜の長期保存を目的とした砂糖漬けに利用されており、たとえば九州のブンタン漬けがある。砂糖は化学構造からもわかるように、親水性の水酸基を多く持っているため、水素結合により水をたくさん取り込む性質がある。この点、ジャムやマーマレードのごときペクチン・ゼリーの形成に、保水剤としてまたは安定剤として働く。また、食品に砂糖を添加することは、当然、水分活性（食品自体の相対湿度に相当）を低下させ、この面からも保存性向上に有意義なことが理解されよう。

塩化カルシウムや、塩化マグネシウムなど吸湿性塩類による食材からの脱水も可能だが、特有の苦味を持つ。そのため、漬けものなど食品脱水を目的とした単独使用では、量的な関係から風味を損なって実用的でない。塩化カリウムも食塩（塩化ナトリウム）と似た性質を持つが、特有の異味があり、使用する濃度に限界を持つ点注意を要する。

3．吸着・吸収剤による脱水

医薬品の錠剤を購入すると、必ず容器の中に乾燥剤が入れてある。これらの錠剤は、たとえば総合栄養剤のごとく各種ビタミン、アミノ酸、ミネラルなどの多種成分を包含しているものが多く、成分間で反応を起こし、お互いに効力を減じやすい。この場合、わずかの湿気（水分）の存在は変質作用を促進することもあるので、製薬メーカーは防湿のための乾燥剤を封入している。現在はシリカゲル（珪酸ゲル）の乾燥剤が一般的で、乾燥能力の有無の目安に微量のニッケル塩を加えて、色調の変化で判別可能にしている。

食品工業においても保存の目的で多種の乾燥剤を用いており、湿気による変質や凝固の抑制に役立つ。

(1)　シリカ系乾燥剤

海苔やせんべいなど吸湿しやすい食品には、小袋入りシリカゲル乾燥剤の別添が好ましい。シリカゲルは加熱により吸湿水分を除去し、容易に再生できる。しかし、再生温度が高過ぎると結晶状態が崩れ、乾燥機能が弱まる。

濃縮粉末ジュースに一%のシリカ（無水珪酸）を混合すると、ケーキングを防止して流動性を維持できるという。また、シリカゲルと並んで、珪酸アルミニウム系乾燥剤も利用されている。

(2)　ベントナイト

新巻鮭（あらまき）は甘塩のため、普通の塩蔵より保存期間は短いが、香味に主眼が置かれ、歳暮贈答用に古くから使われている。塩不足の太平洋戦争の戦中、戦後、このあらまき製造に、塩をフルに使わず、一部をベントナイトに置き換えて脱水、塩味付をしたこともある。ベントナイトで脱水、塩で味付けというように、おのおの役割をわけ、その結果、保存性のよい甘塩の製品をつくる手法は、なにもあらまきに限らず他へも応用したい考え方といえよう。なお、今日のあらまきは冷凍品が普通となっているが、塩で強く締めた冷蔵流通品の方が旨さの評価が高い。

(3)　酸化カルシウム（生石灰）

果汁を乾燥してつくった粉末果汁は、水分はわずか三%、その上、表面積は大きく吸湿性は著しい。製品の水分含量の少ないほど貯蔵性はよく、一％以下が望まれる。しかし、たとえば、三％水分になるまで一・五時間、水分を一％以下に低めるには五時間以上を要するほど、乾燥速度は水分低下とともに著しく遅くなる。もちろん、この現象は製品コストにもはねかえってくる。そこで容器内乾燥（ＩＰＤ……In Package Desication）といわれる方法がとられ、約三％水分にまで乾燥した製品を乾燥剤と密封し、容器内で乾燥させる。この乾燥剤として酸化カルシウムが無害、安価、簡便の特性をもつため使われる。酸化カルシウムと水の反応は次のごとく、完全な化学反応であるため、シリカ系に比べて乾燥力は強い。

$$CaO + H_2O = Ca(OH)_2$$

酸化カルシウム＋水＝水酸化カルシウム

一〇〇グラムの酸化カルシウムは、三二グラムの水と反応する。かように、乾燥もある程度まで物理的な操作で行ない、最後の詰めを化学的な強力脱水で行なうリレー的手法は興味深い。

(4)　デンプン

ベーキング・パウダーは酸成分と重炭酸ナトリウムの混合物で、わずかな水分で中和反応が起こり、炭酸ガスを放出するため保存には注意を要す製剤である。かっては二剤式といって酸、重曹をわけた包装で、使用時に両者を混合する方式が多かったが、今日使用に便利な一剤式になっている。

この場合、酸、重曹間の接触防止と乾燥を兼ねた役割で、デンプンが混和される。その配合例は次のごとく、デンプン含量は少なくない。

重炭酸ナトリウム	二五％
酒石酸水素カリウム	一〇％
焼ミョウバン	一〇％
第一リン酸カルシウム	二五％
コーンスターチ（デンプン）	三〇％

（アイコク印処方）

ベーキング・パウダーの配合にあたり、その配合順序、各成分の粒度などが製品の安定性に影響があることはいうまでもない。もちろんデンプンは予め乾燥したものを使うので、吸水剤としての役目も果している。

一方、水中にあるデンプン粒子は、温度が上昇すると膨潤し、周囲の水分を吸収する力が大きいので、この現象を利用した食品がかまぼこである。そのため、少し柔かなすりみに混ぜて加熱すると、硬さが増す効果がある。良質のすりみにも、魚肉タンパク中の余分な水分を吸収し、テクスチャーを改善する。デンプンの吸水能は加熱膨潤した場合が大きく、常温での吸水性はさほどでもない。これに対して大豆タンパクや小麦タンパクなど乾燥状態の植物たんぱく食品の多くは、常温で水に接した時も、数倍の水を吸収する性質を持つ。このような両者の特性を予め数値的に確めておけば、同じ脱水性を応用するにせよ、食品加工の適材適所に効率よく活用できることになろう。

(5) 吸水板およびシート

押し花をつくる時、紙にはさんで脱水する。それと同様に、みつば、しそ、木の芽などの乾燥は、補助剤にはさんで脱水する方法もある。また、べとつくようなペースト状食品は、素焼板上に塗りつければ脱水が可能になろう。

最近では鮮魚の刺身入りトレイの底にスポンジ状のプラスチック製シートが敷かれ、経時と共に生じたドリップを吸収して刺身の品質保持に役立つ。このドリップの刺身への再付着防止は、衛生的にもよい上、商品としての見栄えもよくなる。また半透膜状のフィルム袋を使い、内部に高浸透圧の液体を入れた薄いシートも開発され、鮮魚の開きを薄塩で軽く脱水する時などに二枚に挟んで使われる。

4．脱色、脱イオン、共沸脱水

(1) 活　性　炭

数多い吸着剤のなかで、特に有機物の吸着能がすぐれるものは活性炭である。それゆえ、脱色、脱臭、コロイド物質吸着などに有用な働きを示す。

砂糖の精製に活性炭を使用するが、その主な目的は脱色といえよう。しかし、実際はそれだけではなく、不純物も除かれるために多くの利益をもたらす。糖液中に存在するゴム質、ペクチン質などコロイド物質を活性炭が吸着除去すると、糖液のろ過性が向上し、濃縮時に起きる結晶缶内のアワ立ちが減少し、晶出スピードが速まる。また、鉄、カルシウム、マグネシウムなど無機成分もかなり除去できるという。

油脂の精製の場合も、活性炭の脱色能力の利用が主であり、活性白土と併用することが多い。そして油脂中に存在する石鹸分、遊離脂肪酸など不純物を、吸着除去し得る。しかし、植物油中に含まれる有用な天然抗酸化剤も、活性炭に吸着し、除去されやすい。この点、有用成分の吸着減少を抑え得る処理条件の設定、そして吸着損失があれば抗酸化剤を添加し、補なうことも必要であろう。

マヨネーズ、ミルク、バターのようなエマルジョンの形態をなす食品には、活性炭は使いにくい。なぜならば、界面活性物質を活性炭が吸着し、乳化状態が破壊されやすいからである。

(2)　イオン交換樹脂

陽イオンである金属イオン、電荷が逆の陰イオンを化学的に除去するのが、このイオン交換樹脂である。

食品工業における金属イオンの障害は少なくない。たとえば食品の酸化、褐変、濁りなどいずれも痕跡の金属イオンの関与するケースがほとんどであろう。一方、陰イオンのほうは、水中の亜硝酸イオンのごとく、かん詰めジュースのスズ溶出事件の主役になったものもある。

イオン交換樹脂の脱イオン能は強く、再生もできること、液状食品の精製が連続的に行なえることなど、その価値は大きい。

かって、保存性サリチル酸の自主規制を行なっている清酒業界の話題として、すでにつくった清酒からサリチル酸を除去しようと、イオン交換法が研究されたこともある。また、一次濃縮した海水中からイオン交換樹脂を用いて食塩を濃縮精製する方法は、経済的に意義ある分離手法であり、今日行われている。

余談になるが、養殖のカキが緑変した原因が海水中のカドミウムともいわれ、考えようによれば、貝類はイオン交換能を持つ生物でもあろう。海水中の汚染物を生物濃縮によって除去し、公害対策の一法となすのも興味ある手段ではなかろうか。

(3)　共沸脱水

エチルアルコールは水と共沸混合物を形成するので、高純度品を得るためには単なる蒸溜だけでは不可能である。そこでベンゼンとの共沸混合物が形成できるのを利用して、水と分離する精製方法がとられる。

それと同様、食品を溶媒と加熱し、食品中の水分と共沸混合物を形成させ、沸点を低めて脱水、乾燥する米国特許がある。(U. S. P. 3, 298, 101) この場合に使用する理想的な溶媒は、エチルアルコールと酢酸エチルといわれる。また、水分除去後、食品中にわずか残存する溶媒は、真空乾燥により追い出す。

5．凝　集

浄水場で用水中の濁度成分や一部の水溶性成分を沈降させるために、ポリ塩化アルミや硫酸バンド（硫酸アルミニウム）溶液の少量を用水に加える。硫酸バンドは加水分解してフロック状の水酸化アルミを生成し、これが懸濁粒子を吸着して重さを増し、沈降を促進するわけである。ちょうど、ぬれた新聞紙を利用してゴミを吸着させる掃除法と同じで、ゴミ（新聞紙）を与えてゴミを除く手法である。前述した用水のバンド処理において、処理前の水中にある濁度成分が少ないと、フロック状水酸化アルミの生成が完全に行なわれず、また、沈降速度も遅い。この場合は、硫酸バンドのほかにアルギン酸ナトリウムを加え、すぐれた凝集性を持つアルギン酸アルミを生成させる。その上、カオリンのような無機粉体を一緒に加えることで、フロックの比重を増して沈降を速める二重の手法をとる。

白ブドウ酒の清澄化にゼラチン溶液を用いるが、タンニン分の少ないブドウ酒の場合には、わざわざタンニンを加えて処理する。これも前述の水処理と考え方は同じである。

コンソメスープの濁りを除くのにも、卵白を加え、その熱凝固の際に濁り成分を吸着させ、清澄化をはかる調理技術が一般に知られている。

また、魚肉ソーセージ工場の排水中に存在する水溶性タンパクや魚肉細片の除去に高分子凝集剤ともいえる食品添加物のポリアクリル酸ナトリウムやキトサンが使われ、タンパクの回収と公害処理の両面に貢献している。

第4章　障害イオンの封鎖

製造工場で実際に起きる種々のトラブルには、いろいろの要素が関係しているが、その原因をよく調べてみると、微量の金属イオンの障害による場合が意外に多い。とくに製品の着色、オフ・フレーバーなどの化学的な変質には、直接あるいは間接に金属イオンと関係が深い。

第2章に述べた無機塩の効用のごとく、食品加工には金属イオンの十分な効果を期待すべく積極的に活用するケースもあるが、逆にそれが障害となるときには、何らかの方法でその害作用を抑えなければならない。このことは単に金属イオンに限らず、他の陽イオン、陰イオンなどで障害作用を起こすものについても同様である。

これら障害イオンの抑制対策には

(a)　分離して除去する方法

(b)　食品中に障害イオンを残存させたまま、その障害作用を閉じこめてしまう方法

が行なわれる。(a)項の分離、除去については前章でも一部述べたので、ここでは(b)項の障害イオンの封鎖法を中心に、食品加工の手法を考えてみたい。

1．封鎖剤の働き

国語辞典で〝封鎖〟という言葉をひいてみると、〝ふうじとざすこと〟とでている。かつて戦後のインフレを防ぐための旧円封鎖、アメリカ軍による北ベトナム諸港の機雷封鎖などのように経済または軍事用語にも使われ、当事者にとって好ましくないものを封じ込む意味を持つ。

食品加工でも同じこと。正常な製造工程の邪魔をしたり、苦労してつくった製品を変質させたりする障害イオン（特に金属イオン）を不働化するために、封鎖法を行なうのが普通である。それには金属イオンと反応して自分の分子中に包み込み、手も足も出なくさせる働きをする封鎖剤を使う。封鎖剤の同義語（少し意味の違う点もあるが）には、錯化剤、マスキング剤、キレート剤などがある。

(1) 重金属イオンの封鎖

金属イオンのうち、鉄や銅などの重金属イオンは、油脂類の酸化変質や、食品の褐変を促進する困った作用を持つ。そのメカニズムは、次のように表わすことができる。

$$\text{鉄（二価）}\underset{\text{酸素放出}}{\overset{\text{酸素吸収}}{\rightleftarrows}}\text{鉄（三価）}$$

鉄イオン（銅の場合も同じ）は、酸素に関連して二種類の価数を持つ。鉄イオンが酸素吸収するときはよいとしても、反対の場合は放出酸素（実際は電荷の移動）が手近にある食品を酸化変質させてしまう。換言すれば、鉄や銅は酸素伝達の仲介者（触媒）といえる。

この鉄の触媒作用を抑えるには、鉄のタイプが二価でも三価でもよいから、とにかく包みこんで酸素伝達の役割を抑えようと、封鎖剤を利用することになる。

一方、天然、合成を問わず、色素（染料）は金属イオンと反応し、変色しやすい。とくに、色素の鉄塩は暗褐色のものが多い。そういうことからも、水中の金属イオンの検出に色素試薬を使い、その変色状態から存在を確認する分析を行なうほどである。また、逆に色素に金属を結合させた着色物質をつくって、繊維の染色に使うことさえある。これらの例からも、食品の変色に金属イオンがいかに大きく関係するか理解できよう。

すでに指定を取り消されただいだい色一号（オレンジⅠ）という色素があった。この色素は、水中に含まれる微量の鉄分と反応すると、

赤色色素（赤色）　＋　鉄 → 色素鉄（暗褐色）

と褐変する。それで、これに封鎖剤（ピロ酸ナトリウム）を加えると、

色素鉄（暗褐色）＋封鎖剤（無色） → 赤色色素（赤色）＋封鎖剤鉄（無色）

となり、色素に鉄が結びついた暗褐色物質を、封鎖剤がバラバラに引き離して自身は鉄塩に変わり、赤色色素を再生するわけである。この封鎖剤の働きを、光電比色計で求めて表4・1に示した。

表4.1　ピロリン酸ナトリウムによるオレンジⅠ―鉄溶液の透過率

オレンジⅠ　100ppm
Fe^{+++}　20ppm

封鎖剤濃度（ppm）	0	6	10	20	40	色素のみ（Fe^{+++}および封鎖剤無添加）
透過率（%）	52.2	54.2	58.8	65.0	65.0	65.0

いずれの場合も、この例のように金属イオン封鎖が順調にいってくれればよいが、封鎖剤では解決し得ない問題ももちろんある。事実、野菜類に含まれるタンニン質と鉄分の反応によって生成した着色は、現在指定されている添加物の封鎖力では力不足の感じがする。この関係を式に書けば次のごとし。

鉄＋タンニン──→タンニン鉄（褐色）
タンニン鉄（褐色）＋封鎖剤──→変化なし

(2)　カルシウムイオン等の封鎖

地方の温泉で石鹸を使うと、泡立ちが非常にわるく、時には洗浄どころかベトついて汚染にもなりかねないことが起きる。この原因は、お湯の中の硬度成分のカルシウムやマグネシウムなどによるためで、石鹸と反応してスカムと呼ばれる金属石鹸が生成したからである。この反応は、

カルシウム＋石鹸──→カルシウム石鹸

となり、カルシウム（金属）石鹸は、水に不溶で、しかもベトベトした粘着性を示し、名前は同じ石鹸でも始末のわるいものである。逆にこのベトつき性を利用して、機械用グリースの主原料に使われてもいる。石鹸の化学名は脂肪酸ナトリウムであり、カルシウム石鹸の方は脂肪酸カルシウムで、性質は一転して疎水性化する。

このような時、温泉のお湯に少量の封鎖剤（たとえばポリリン酸ナトリウム）を溶かし込んでおけば、スカム生成の心配はなくなり、泡立ちもよくなって快適な入浴を楽しめる。

なぜ、ポリリン酸ナトリウムを温泉の湯に加えると、スカムができなくなるのだろうか。それは、お湯の中で石鹸がカルシウムと結合する強さよりも、ポリリン酸がカルシウムに結びつく力の方がずっと強いことによる。その上、封鎖により生じたポリリン酸カルシウムが水溶性であることも好ましい。

また、石鹸とカルシウムが反応してできたスカムを取り出し、これを試験管中で水と一緒に振とうしてみても、水面上に浮かんでしまい、一向に混ざろうとはしない。ところが、これに少量のポリリン酸ナトリウムを加えて振とうすると、たちまち発泡し、スカムは徐々に溶けていく。この作用は次に示したように、封鎖剤がスカム中のカルシウムを強引に奪って、普通の石鹸を再成したからにほかならない。

カルシウム石鹸＋封鎖剤⟶封鎖剤カルシウム塩＋石鹸（発泡）

硬度成分の多い温泉のお湯に限らず、飲用の水道水や井戸水でさえ、温泉にくらべて含量こそ少ないが、カルシウム、マグネシウムイオンを含んでいる。したがって、その他の理由もあるが、石鹸や洗剤の泡立ちは十分でない。最近の合成洗剤のなかには泡立ちと関係なく洗浄性の高いものもあるが、石鹸の場合は起泡性が洗浄力の目安になっている。封鎖剤のカルシウムに対する作用は、野菜や豆の煮もののソフト化や佃煮製造の迅速化など食品加工での活用に通じていよう。

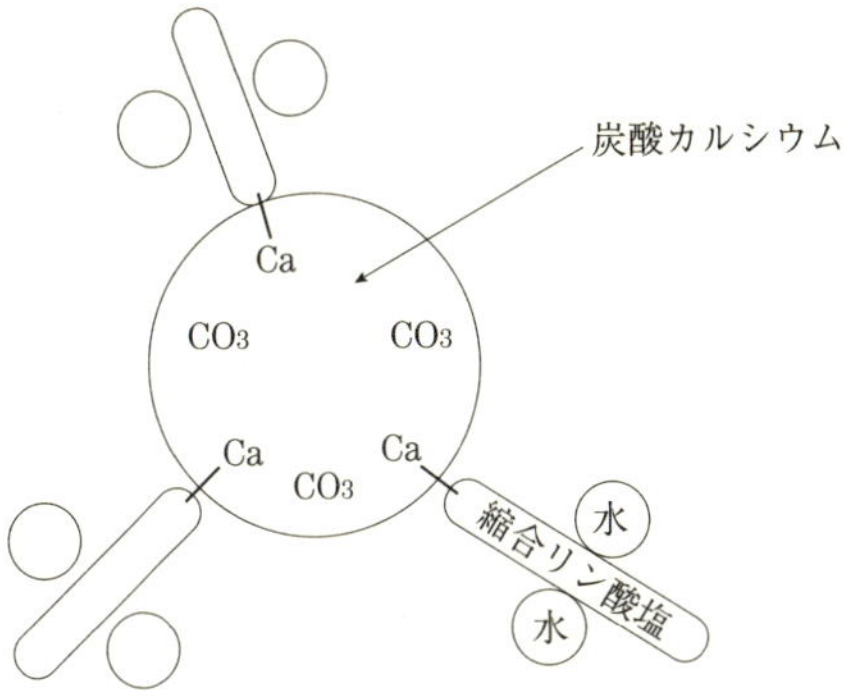

図 4.1　縮合リン酸塩による炭酸カルシウムの水中分散

(3)　金属吸着による分散

封鎖剤のうち、縮合リン酸塩系のものは、炭酸カルシウム、ベンガラ（三二酸化鉄）、粘土など無機の不溶性金属塩を水中に分散懸濁させる働きをする。しかし、カーボンやシリカ（無水珪酸）のごとき金属塩でない物質を、水中に懸濁安定化させる力はない。

このような現象からみても縮合リン酸塩（ピロリン酸ナトリウム、ポリリン酸ナトリウム、メタリン酸ナトリウムなど）は、金属塩（水溶性、不溶性に関係なく）と仲が良く、図4・1のごとく金属成分部位に吸着しやすく、間接的に水和性を高めることで懸濁させるよう思われる。もちろん縮合リン酸塩は、乳化分散剤の界面活性能の指標となり得る表面張力低下作用は示さない。

また、縮合リン酸塩は金属イオンだけでなく、タンパクやデンプンなど巨大分子表面にも吸着しやすく、イオン結合や水素結合に影響を与える。この作用は食品に有益な効果を生じる場合が多く、その応用分野は広い。

2. 封鎖剤の種類

多少とも封鎖性を示す食品添加物をあげれば、

(a)　縮合リン酸塩類

ピロリン酸ナトリウム（無水、結晶）
ピロリン酸カリウム
ポリリン酸ナトリウム
ポリリン酸カリウム
メタリン酸ナトリウム
メタリン酸カリウム
酸性ピロリン酸ナトリウム　等

(b)　アミノ酸類

グリシン
システィン　等

(c) 有機酸およびその塩類
クエン酸およびクエン酸ナトリウム
リンゴ酸およびリンゴ酸ナトリウム
グルコン酸およびグルコン酸ナトリウム　等

で、このほか

(a) フィチン酸（天然物）
(b) ＥＤＴＡ塩（エチレンジアミン四酢酸のナトリウムまたはカルシウム塩類で日本では使用基準あり）

等々ある。

なお、封鎖剤のことをキレート剤とも呼ぶが、このキレートとはギリシャ語で「カニのハサミ」が語源という（図4・2）。

図4.2　キレート剤によるカルシウムの不活性化

3．封鎖剤の使い方

金属イオン封鎖剤は、他の分離、除去操作と異なり、食品に対して少量を添加するだけで済む点、手間がかからずに複雑でない。もっとも、添加時期、添加方法など封鎖剤の効果をフルに発揮できるように十分な検討が必要であるが。

しかし、封鎖剤だけですべての金属イオンによる障害を、解決することはできない。なぜならば、食品用封鎖剤は人の健康に無害であるとの自然物および食品添加物に限られるため、おのずと効力にも限界があろう。したがって、封鎖剤だけに頼ろうとせずに、工程中に障害イオンが混入するのをいかに防ぐか、また、原料、中間体の段階でいかに脱金属するかなどの基本を忘れずに、総合的な障害イオン対策を打ちたてることが大切ではなかろうか。近年、食品工場の装置や機械類が鉄製からステンレス製に変わってきたことは好ましい。

一方、封鎖剤を添加して、食品中の障害イオンを不働化するより、イオン交換樹脂や凝集剤の処理で脱イオンした方がベターではないか、との意見もでてくるかも知れない。たしかに使用水の精製には、イオン交換樹脂を通した方がよい。ただ、食品は多成分を含み複雑な内容を持つので、そう簡単にいかないことが多い。たとえば、デンプンや小麦粉を用いた粘稠の食品に対しては、水処理のごとき凝集剤や吸着剤の利用は不可能であろう。また、用水中に含まれる鉄イオンよりも、原料資材中の鉄含量の方がはるかに多いことさえある。要は封鎖剤の使用と他の脱障害イオン処理とを、いかに効果的に併用すべきか、ということになってこよう。

封鎖剤使用時の注意としては、なるべく早い時期に食品中に加えることであろう。たとえば、前記石鹸とカルシウムの反応でも、あらかじめカルシウムまたは石鹸を含む水溶液に封鎖剤を加えておけば、両液を混合してもスカムを生じない。しかし、封鎖剤なしで両液を混合してスカムを生成させ、今度はスカムを封鎖剤で処理し、石鹸をすべて再生しようとするならば、かなりの時間を要することになろう。食品加工中に起きる障害イオンの反応も同じこと。障害イオンが作用する前の時点での添加が望まれる。

また、一般に封鎖剤はカルシウムイオンよりも鉄イオンの方に結合しやすい。そして、pHによる封鎖性の強弱、加熱による封鎖の促進、逆に封鎖剤自身の高温による分解等々。一方、添加法も粉末のまま、水溶液として、あるいは有機溶媒に溶かして（たとえば、クエン酸はプロピレングリコールに溶ける）添加する考え方など、各封鎖剤の特性を知って活用すべきであろう。

かわった添加法の例として、封鎖剤フィチン酸によるブルーミート、ストラバイト防止法をあげてみよう。フィチン酸は液体酸なので、缶詰食品に有効量を適切に添加することが実際上なかなかむずかしい。過剰の場合は不経済で、肉質や缶に悪影響を及ぼし、逆に少な過ぎる場合は、当然のことながら十分な効果を期待できない。そのため、あらかじめフィチン酸を硫酸紙に一定量塗布して、それを加えて好結果を得たという。かような塗布物の形で添加する方法は、すでにクエン酸や酒石酸でも同目的の考案がある(1)。

食品加工段階で、封鎖剤を粉末のまま添加するより、溶液のかたちで加える方が均質混和の点から好ましい。また、縮合リン酸塩のなかには水和によって発熱し、固く凝固する封鎖剤もあるので、とくに昇温を嫌うペースト状食品への添加は水溶液として加えたい。

また、クエン酸のように多少の親油性をも持つ封鎖剤は、BHA（ブチルヒドロキシアニソール）やBHT（ジブチルヒドロキシトルエン）など親油性酸化防止剤との併用製剤の成分に適する。

4. 食品加工における封鎖

(1) 酸化剤の安定化

酸化漂白剤であり、殺菌剤である過酸化水素水（オキシドール）に、塩化第二鉄という鉄の化合物を加えると、烈しく発泡することから、水と酸素に過酸化水素が分解していくのが見られる。一般に酸化剤や還元剤は、微量の鉄の存在で分解しやすいため、封鎖剤の効果が期待されている。縮合リン酸塩は鉄を封鎖して不活性化する一方、過酸化水素と付加化合物を形成する性質もあり、両面から安定剤として相乗的な効果を高める。たとえば、ピロリン酸ナトリウム（無水）はちょうど、結晶水を持つ感じで安定な過酸化水素付加物を形成する。

$Na_4P_2O_7$–2 H_2O_2…過酸化水素付加物

$Na_4P_2O_7$–10 H_2O…結晶水付加物

以前には、過酸化水素は加熱に弱く、水と酸素に簡単に分解してしまうと思われていたが、加熱済みの加工食品中に意外なほど多くの過酸化水素の残存がわかり、従来の説が否定されたのも封鎖剤の影響も一因ではなかろうか（図４・３参照）。

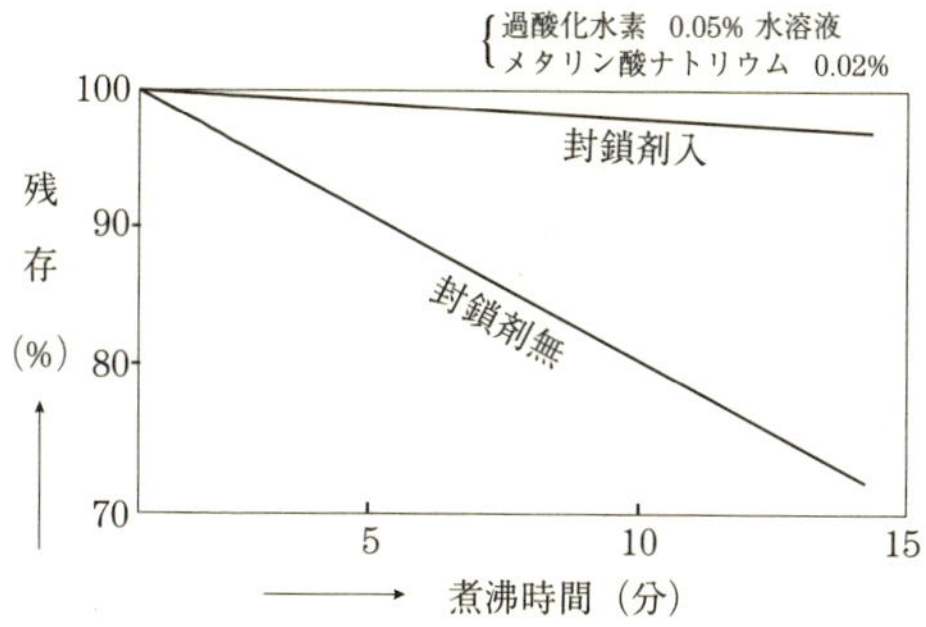

図 4.3　封鎖剤による過酸化水素安定能

(2)　酸化防止剤の安定化

ビタミンE、BHA、BHTなどの親油性、エリソルビン酸、アスコルビン酸などの親水性に酸化防止剤は大別できる。これらは食品に含まれる油脂をはじめとする酸化されやすい成分の身代りとなって、また、フリー・ラジカルの生成にストップをかけるように働いて消耗するのが、本来の使命である。しかし、酸化防止剤自身が無駄に酸化され、無効になっては意味がない。一般に酸化防止剤は微量の鉄イオンの共存で空気中の酸素により酸化されやすくなるため、封鎖剤との併用が望ましい。結果として酸化防止剤の無駄をなくし、その添加量を減少させる働きを封鎖剤が行なうわけで、とくにBHA、BHTなど、いわゆる親油性酸化防止剤に歓迎されよう。

また、ビタミンCは酸化防止剤としても、栄養剤としても価値ある添加物である。このビタミンCの分解防止能を持つ封鎖剤は、単なる酸化防止剤の安定剤としてでなく、食品加工中に失なわれるビタミン類の保護に有益な役割を担っている。

(3)　プロセスチーズへの利用

食品への封鎖剤の添加量は、〇・〇五％から〇・三％の範囲に入るのが普通であるが、プロセスチーズの場合には約二〜三％という抜群に多い添加量である。

ご存知のようにプロセスチーズはナチュラルチーズの加工品で、わが国で販売されているチーズの多くがこのものである。プロセスチーズの特徴は、品種や熟度の異なる原料ナチュラルチーズの配合で製品の一定化、マイルド化、加熱殺菌による保存性の向上等々あげられる。ただ、プロセスチーズを製造しようと原料チーズだけを配合し、そのまま加熱したのでは、チーズは溶けないで収縮し、ゴム状化し、油と水とが分離を起こす。この際に封鎖剤の添加により、不溶性のパラカゼインカルシウムを親水性で乳化性があるナトリウム塩にかえ、チーズ中の乳脂肪を乳化、なめらかで均質な組織をつくることになる。用いる封鎖剤はそれぞれで、かつては米国ではクエン酸ナトリウム＋リン酸二ナトリウム、欧州では縮合リン酸塩だったとの文献もある[2]。

チーズ・封鎖剤の関係を前記の石鹸スカムに当てはめてみると、

カゼインカルシウム＝石鹸カルシウム

カゼインナトリウム＝石鹸ナトリウム

と両者は相当し、いずれも封鎖剤により脱カルシウムされ、ナトリウム塩が再生し、共通して乳化力が生れる点は興味深い。見方をかえると、石鹸（脂肪酸ナトリウム）やカゼイン酸ナトリウムの乳化力を封鎖するのがカルシウムイオンであり、そのカルシウムイオンを封鎖するのが封鎖剤といえる。したがって、乳化状態を破壊する必要がある場合、使用した乳化剤の種類によっては水溶性カルシウム塩を加えればよい。

(4) ストラバイト生成防止

ストラバイトは、マグロ、貝、カニかん詰にしばしば生じ、クレーム原因となる歓迎されない化合物である。この結晶がガラス片に似るところから、製造上の不注意から混入したものと消費者に疑われやすい。この結晶の組成はリン酸マグネシウムアンモニウム（$Mg \cdot NH_4 \cdot PO_4 \cdot 6H_2O$）というもので、マグネシウム、リン酸、アンモニアなど三成分が適当な条件下で共存すれば、容易に生成することになる。もちろん、この結晶はガラス片と異なり、体内に入った場合、胃酸に溶けてしまい、成分からみても無害だが、外観や食感からは好ましくない。また、口腔内を傷つける恐れもある。

- 物理的方法
  - 急冷法
  - 増粘法
  - pH 低下法
- 化学的方法
  - マグネシウム不働化法
    - (a)キレート法
    - (b)沈殿法
  - リン酸イオン沈殿法

図 4.4　ストラバイト防止法

ストラバイトの生成防止法は、いろいろな角度から研究されており、〝これからの食品加工技術〟対応の参考例としては好適といえよう。現在まで行なわれてきた考え方を図４・４に示す。

物理的方法の前二法（急冷法および増粘法）は、結晶をいかに成長させないようにするか、との処理であるが、残念ながら経時による結晶成長は避けられない。pH低下法はストラバイトの酸による溶解性を利用したものであり、酸剤による酸味を感じさせないようグルタミン酸のようなpHバッファー性と呈味を持つアミノ酸の併用も考えられている。

さて、本稿に関係ある化学的な方法だが、前記三成分のうち一成分だけを不働化すれば、ストラバイトは生成しない。このなかで、アンモニアイオンだけは除くことが実際上困難なので、残りの二者にしぼられよう。マグネシウムはキレート法、たとえばメタリン酸ナトリウムやフィチン酸で封鎖する一法がある。また前述の石鹸スカムと同様の考えで、カゼインナトリウムや石鹸を加えて、共に沈殿にしてしまう。一方、リン酸イオンを抑えるならば、ミョウバンを加えてリン酸アルミの形で沈殿させる。これらの沈殿は無定形で歯に感じないため、ストラバイト結晶のようなクレームは起こらない。

(5)　その他の封鎖反応の利用

キレート剤のＥＤＴＡナトリウムは甚だ強力な封鎖能を持つため、これを服用すると体内のカルシウムと結合し、体外に排除してしまう欠点を持つ。そのためＥＤＴＡをカルシウム塩の形にして、原爆症、鉛中毒による有害金属の排除に用いられている。ホウレン草に含まれるシュウ酸も同様で、一種の封鎖剤として好ましくない作用をするとのこと。そこでホウレン草かん詰にカルシウムを入れ、シュウ酸を逆封鎖(沈殿)させた内容の製品をつくっているメーカーもあった。

以上、封鎖について概要を述べたが、食品加工に利用される封鎖反応は非常に多いため、ここではその一部分の例をあげた。添加物に指定されている各封鎖剤の封鎖力には強弱があろうが、その活用の考え方にはなんのかわりはない。

一方、呈味物質を変化させるのではなく、味センサーである舌の方を変化させる味覚変革物質利用の考え方もある。たとえばアフリカ産のミラクルフルーツという赤い果実の果肉を口に含んでから酸っぱいレモンを食べるとその酸味を感じなくなる。すなわち、舌自体を不感症にするのも一つの立場を代えたマスキングになろう。

第5章　障害成分の分解、不活性化

食品加工において、製品や製造過程にわるい影響を与える物質は、第4章に述べた障害イオンだけとは限らない。そのため、封鎖反応を利用するだけでは問題を解決できない場合も多い。封鎖剤を用いても効果ない障害成分を抑えるのには、それをなんらかの方法で形態変化させて好ましくない性質を打ち壊すか、抑え込まなければならぬ。そうすることで、食品中に存在するマイナス因子を無害なものに変化させ、結果的にプラス面をもたらすわけとなる。

ここでは障害成分を変質および不活性化する手法について述べる。

1．物理的手法

(1)　呼吸調整の利用

カキの渋味は水溶性のタンニン質であり、果肉の細胞中に存在することが知られている。渋ガキを食べるとタンニン細胞が潰され、収れん性の不快味を持つ水溶性タンニン質が溶け出るため、渋く感じるという。カキの果肉から水溶性タンニン質を除去することは、実際上容易なわざではない。しかし、一般に呈味物質といえども不溶性にすれば味は全く感じられなくなるので、この点を渋ガキに応用してタンニン質を不溶化せしめる脱渋処理が古くより行なわれている。

その方法とは、

(a)温湯脱渋法（湯抜き）──→四〇℃弱の温湯に一日浸漬する方法。

(b)酒精脱渋法（タル抜き）──→アルコールを噴霧して密封、カキに吸収させ約一週間おく方法。

(c)炭酸ガス脱渋法（ガス抜き）──→炭酸ガス五〇％を含む空気中に数日間おく方法。この際、ガス圧を高めれば脱渋時間を短縮できる。

(d)乾燥脱渋法（干しガキ法）──→串ガキやコロガキなどのような自然乾燥法。この場合、加熱乾燥（四〇℃以下）することもある。

(e)凍結脱渋法──→零下二〇℃に急冷する方法。この場合はタンニン質そのものを変化させるのではなく、それを包含する膠質の不可逆変性、とくに冷凍離水による変性の関係と推測されている。(1)

等々あるが、(a)～(d)項のように空気中の酸素を断ち、果実の正常呼吸を狂わせ、異常生成したアセトアルデヒドなどによるタンニン質の不溶化や、(e)項のように膠質膜の変性でタンニン質を外部に流れ出さない方法など、そのメカニズムはいずれも溶出防止にほかならない。

最近、果実やそ菜類に利用されているＣＡ貯蔵も、炭酸ガスや窒素ガスを含む雰囲気中で貯蔵物の呼吸を調整し、鮮度を維持する方法である。また、活魚を麻酔剤で処理し、跳びはね防止や呼吸の減少、代謝を弱めて輸送することや、冬眠効果を利用しての低温輸送も行われる。逆に、ウナギの場合はポリエチ袋の中に酸素を十分に入れて運ばれる。

(2) 適合温度の利用

食品を低温で保存または処理することは、細菌の増殖を抑え、酵素の活動を弱め、そして化学変化をも遅らせるなど、品質保持のメリットは大きい。しかし、その反面、複雑多種の成分で構成されている食品のこと、低温保蔵中にテクスチャー、風味、色調などに変化をもたらすことが少なくない。この点、トータル的なものの考え方で、低温保蔵のメリットを十分に活かし、付随して発生した問題を適した手法で解決すればよい。

低温保蔵を総合的な技術で活用した好例として、まず冷凍すりみがあげられよう。現在、カマボコや竹輪など広くに使われる魚種は、北洋のスケトウダラである。しかし、四〇年ほど前までのこの魚は、腹の中のタラコ（紅葉子）の包装材といわれるほど、その肉部が利用されない、価値の低い魚種であった。その理由としては、

(a) 鮮度低下が速いこと。
(b) 冷凍しても肉質がスポンジ化してねり製品原料に不適となること。

などがあげられる。

北海道立水産試験所では、低温保蔵しても品質低下を起さないスケトウダラ肉の加工法という難

問に取り組み、冷凍変性を抑制する手法を含めた一連の加工法を見出した。これが冷凍すりみという名前で、ねり製品関係の原料として現在多量に使用されており、食品工業業界への貢献は非常に大きいものである。ではどういう処理により、不安定なスケトウダラの凍結安定化が可能になったのであろうか。

これは冷凍変性因子の作用を阻止する不活性化と考えてよいであろう。しかもこの場合、単なる冷凍変性の阻止だけではなく、解凍、塩ずり、成形、加熱を行なえば、漁獲した直後の新鮮な魚肉と同様、ねり製品特有の弾力を示すテクスチャーを形成するという要件も満たす必要がある。

冷凍すりみの変性防止メカニズムは、いかに変性促進因子を除去するか、またはその動きを遅らせるかの手法にほかならない。実施している製造工程には、

(a)水晒し

(b)変性防止剤の添加

の主要な操作が二つある。前者は魚肉中に含まれる変性促進因子の水溶性物質、たとえば無機塩、酵素タンパクなどを水洗除去するマイナス方式である。これに対し、後者は添加して変性防止をはかるプラス方式であり、これは

(a)冷凍変性防止剤……砂糖、ソルビットなどの多価アルコール類

(b)タンパク解膠剤……ポリリン酸塩類、食塩など

の併用が一般的である。

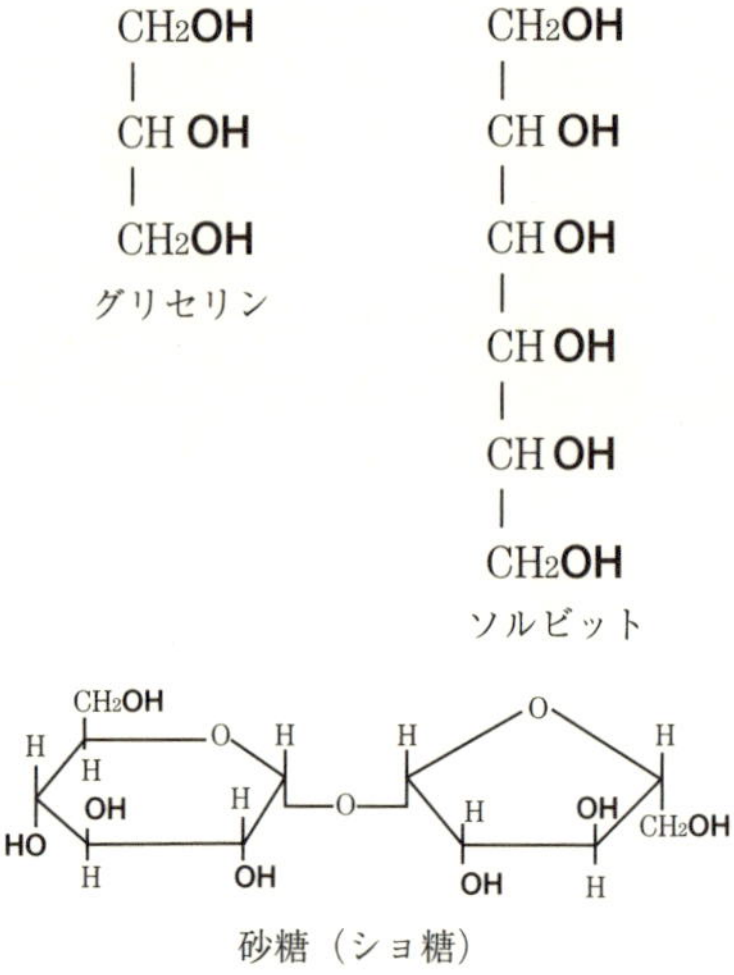

図 5.1

昔から牛の精液の冷凍保存にグリセリン（三価アルコール）を用いているように、冷凍変性防止には多価アルコールが有効である。これらの変性防止剤の化学構造式を図5・1に見るに、そのアルコール性水酸基（−OH）を持つ点、共通している。分子構造からも理解できるように、この水酸基は水分子（H_2O）と非常になじみやすい性質を持っており、水を抱え込む力が強い。そのため、一種の保水剤にもなり、冷凍変性の大きな原因の一つであるフリーの水の移動を抑える役割を果たすと考えたい。また、魚肉タンパク分子のからみあいの間に入り込んで、経時によるネット化を阻止するのではなかろうか。さらに、糖液には表5・1に示したごとく、氷結膨張の緩和作用もある点、物理的な冷凍変性防止の一端を担ってもいいよう。

一方、食塩やポリリン酸ナトリウムなどを魚肉すりみに加えて混和すると粘りがでてくるように、相互に凝集した塩溶性タンパク分子を解きほぐす作用を持っている。そのため、前記冷凍変性防止剤の多価アルコール類を、解きほぐしたタンパク分子面にムラなく効果的に働かせることができ、解膠剤は冷凍変性の防止に側面から協力しているといえよう。

冷凍変性防止に力を入れるあまり、成形加熱してもゲル化しないことになりはしまいか。低温下のすり身中の変性防止剤は、定まった位置でその役割を果たしている。ところが成形後加熱を受けると成形すり身内の熱運動は活発になり、変性防止剤は今まで守備していたポジションを離れて動き回り出し、変性防止の役目を放棄する。その結果、成形すりみは熱凝固し、かまぼこゲルを難なく形成できるわけといわれる。

冷凍人間第一号となった米国ベッドフォード博士は、ガンで死亡後、直ちに

(a) 氷で体温の冷却
(b) 心臓のマッサージ
(c) 人工呼吸
(d) 凍害防止剤ジメチルスルホキサイド一五%溶液を注入
(e) 液体窒素で急速冷凍

という工程で凍結された。この場合も、凍害防止剤の濃度が低いのではないか、解凍法をどうするか、ヒトは金魚と異なり混血動物である点等々、スケトウダラの冷凍すりみ製造以上の困難な問題を多く含んでいる。しかし、単に凍害防止剤を注入し急速冷凍するだけではなく、氷による予冷をはじめとした多くの前処理を行なっているのに注目したい。冷凍すりみの変性因子を不活性化

表 5.1　氷結による糖液の膨張率

糖液濃度（%）	氷結膨張率（%）
0（水）	8.6
20	8.2
40	5.2
50	3.9
60	0
70	−1.0

する目的は、すりみの鮮度を維持することにあり、現在のタンパク解膠剤と多価アルコールの組合せだけでは抑えきれない別種の変性要因もあろう。この点、前処理、添加物、保蔵方法などを総合した研究の成果を期待したい。

凍結あるいは塩漬処理で魚肉に寄生しているアニサキス幼虫を殺すことを前に述べたが、食肉に寄生しているサナダ虫も、凍結により死滅する。食肉魚肉が寄生虫に汚染された場合の取り扱いで冷凍処理を定めている国は少なくない。最近、ホタルイカを冷凍しないで生食用に販売したため、寄生虫事故を起こした事件があった。また、旋毛虫（トリヒナ）、トキソプラズマなども冷凍に弱い[2]。かように、健康上好ましくない寄生虫対策に、冷凍技術を積極的に取り入れてきたことは、単に食品を保存するための冷凍から、食品を質的に向上させるまで冷凍の役目が拡大したことを物語っていよう。生鮮魚よりも冷凍魚の方が安全、安心といえるのもなにか面白い。

糖分の多いジャガイモでポテトチップのような二次製品をつくった場合、褐変がはげしくて歓迎されない。ジャガイモの成分同士では瞬時でないが

$$\text{デンプン} \underset{\text{五℃以下}}{\overset{\text{一〇℃以上}}{\rightleftarrows}} \text{糖分}$$

の可逆反応がたえず起っている。一方、ジャガイモ貯蔵中の発芽抑制には低温がよく、加工用には糖分の少ない方が望ましいという矛盾を持つ。そこで、低温貯蔵から取り出したジャガイモは、一〇

℃以上で二週間程度置くか、ブランチングの過程で切断ジャガイモを水洗して、糖を除去する方法が行なわれる。考えてみると、ジャガイモ自体が低温耐性を持つために低分子糖分を増やすのも自然の摂理かもしれない。かように、ここでの障害成分の糖分を処理するには温度変化を与えデンプン化して消費させるか、あるいは水洗で除去するかの二法がある。逆に不要成分をデンプンと考え低温貯蔵で糖分に変質させ、甘味を強めたものが冷凍グリといえる。また、天ぷらの衣に使うトロ（バッター）を氷で冷やすのも、グルテンの水和作用を抑えてトロに粘りを与えないためである。

高温を利用した殺菌、消毒は一般的であり、わざわざ例示することはないので略す。ただ一般の中温菌の至適温度は二〇℃から四〇℃であり、それより高温の方向に離れて食品を保蔵する温蔵庫を、冷蔵庫や冷凍庫と対比してみると、逆の考え方として興味深く感じてこよう。

野菜類を冷凍保存する際の前処理にはブランチング（熱湯または水蒸気処理たとえば八五～九〇℃数分間処理）がつきものである。植物の組織中に含まれる酵素は零下二〇℃という低温でも活性があり、凍結中の食品を変質させる。しかし、たとえ短時間といえども、生野菜類を高熱処理に付することは感心しない。一方、酵素自身が失活しにくいものもある。それゆえ、いかに速く酵素を失活させるか、また、ブランチングが野菜に与えるわるい影響を少しでも減らすかと野菜類の予備処理やブランチング用水への添加物など、いろいろな角度からの検討が望まれる。さて、ブランチング後には急冷が必要であるが、これはそ菜類の過熱による軟化、および残存微生物の増殖抑制など、酵素失活とは対象が異なってくる。逆に生鮮野菜の流通では、凍結しない温度帯を守ることが大切である。

(3) 光線の利用

食品工場における空気や、製品表面の殺菌を行なうため、波長二五四ミリミクロンの紫外線が利用される。殺菌灯の特色としては、残存のおそれがある保存料や殺菌剤のような薬品を使わないで、微生物（障害物質）を死滅させる点にあるが、有効な殺菌対象は空気、水、〝食品の表面〟に限られる短所を持つ。

視感度曲線といって、単色光（波長）に対する眼の感じ方を表わしたグラフがある。いいかえれば、ヒトの眼は青色をどの程度感じるか、緑、黄、赤色ではどうかとの割合を示している。それによると、ヒトは同一光量では緑色を一番強く感じるが、昆虫の眼の場合には、もっと低波長の紫外線の光が最高に明るく見えるそうだ。そこで誘蛾灯に青い光を放つ水銀灯が使われ、食品工場でも捕虫ランプとしてハエや蚊を誘引し、捕獲するのに役立つ。これは食品の衛生管理で障害となる昆虫の習性に紫外線を活用した手法であって、農薬から発展したエアゾール型殺虫剤を使うより、衛生上ベターであることは歓迎される。かつては紫外線ランプで誘引した飛来昆虫を高電圧で殺虫する方式が使われたが、電気ショックでハネた昆虫死骸が下部の受け皿を飛び越え、周辺に落ちるの欠点があった。そこで紫外線で集め、粘着テープで捕獲する方式に変わってきている。

一方、食品中に含まれる好ましくない（？）栄養素ビタミンB_2を破壊するのに紫外線を使う研究もあった。もちろんこれは特殊のケースであって、清酒の防腐処理の変わったアイデアといえる。清酒を火入れ（殺菌）した後、パイプラインや容器から清酒変敗菌（火落菌）の汚染を受けるチャンスは多く、従来は保存料サリチル酸が添加されていた。しかし、保存料の有害性のおそれが論じられてきた今日、無添加の清酒が消費者に望まれている。

この火落菌が清酒中で繁殖できる条件として、その食べものに相当する必須栄養素ビタミンB_2（リボフラビン）やパントテン酸などが必要である。そこで必須栄養素を破壊し、清酒の成分から消せば、保存料なしでも安全に貯蔵できるであろう。この考えからビタミンB_2を紫外線（四〇〇ミリミクロン以下の波長）で光分解させる研究がなされた[3]。ちょうど、火落菌に対しての兵糧攻めといった着想で、肉を切らせて骨を断つ方式ともいえよう。酒類は嗜好飲料であり、ビタミン含量も低いため、ビタミンの供給源として飲まれるものではない。それゆえ、防腐に対するこのような考え方も純正自然食品の要求される時代にはあってもよいのではあるまいか、との意見も述べられている。かようなアイデアに対する消費者サイドの反応がどうでるかは別にして、〝これからの食品加工技術〟の一手法として推薦したい。

放射線によるジャガイモやタマネギの発芽抑制機構も、生物の生活作用や代謝機能に大切な役目を持つ核酸、関連系の破壊または変質によるといわれる。これらの成分は植物自体には必要なものであり、たまたま収穫後の発芽に関係したため、歓迎されないものと変ったに過ぎない。放射線照射の安全性の問題は別にして、電磁波の活用には期待したい。ともあれ、一つの成分や現象でも、時と場合により善玉にも悪役にもなってしまう。それをいかに活用するか、または抑えるかによって、よりよい製品を上手につくるかの技術というものではなかろうか。

2．化学的手法

(1)　化学反応の利用

硫黄を含むタンパク質を多く含む魚介類、肉類、そ菜類などのかん詰食品は、加熱殺菌時や貯蔵中にタンパク質の一部が分解して硫化水素を発生することがある。このガスは卵をゆでる時にも生じ、また、硫黄泉のなかにも含まれ、金属に対して非常に反応性が強く、硫化物に変えてしまう。かん詰のかん材は鉄板の上にスズを鍍金したブリキであり、発生した硫化水素はこれら金属に作用し、暗褐色や黒色の硫化物をつくって、かんの内壁を黒変、そして商品価値を低下させる。この黒変防止塗料として、酸化亜鉛（亜鉛華）を油性ワニスに一〇～一五％混ぜた塗料、いわゆるC–エナメルを用いる。一般に金属硫化物は黒色か褐色の暗い色調がほとんどだが、例外として硫化マンガンがピンク色、硫化亜鉛が白色を呈す。そこで塗膜中に微細分散している酸化亜鉛粒子は、浸透してくる硫化水素をスズと結合する前に補促し、白色の硫化亜鉛の形に変え、固形化してしまう。トウモロコシ（CORN）の頭文字をとって名付けられたともいわれるC–エナメルは、眼には直接見えないかん詰の内側でかん材の保護に働いているわけである。

　この現象を逆に利用した手法もある。それはジュースのようにスズの溶出のおそれがあるかん詰に対して、かん材スズ表面をざわざわ硫化スズとなし、安定化する方法が研究された。すなわち、下田等(4)はスズ溶出の促進成分、硝酸イオンによるかん内の異常腐蝕を防止するに、煮沸タマネギ搾汁やマスタードオイルなどの有機含硫物が有効なことを見出した。そしてかん内面の黒変（硫化物生成）とスズ溶出量の間には関係が認められ、硫化スズが防蝕に効くものと考察している。同様なメカニズムで、トマトジュースかん詰にチオ硫酸ナトリウム（食品添加物として認められていないが）を加え、スズの溶出を抑制するとの発明(5)もある。チオとは硫黄を意味しており、かような含硫物質の防蝕への応用は、色を捨て実を取る手法といえよう。

　サケのかん詰に起る石油臭は、海苔の香りにも含まれるジメチルサルファイドという硫黄を含む成分が原因だといわれるが、これにアミノ酸のリジンとブドウ糖を加えて熱すると、臭気を激減することができる(6)。これは食品に別種の二成分を添加して、化学反応を行なわせしめたと解釈でき、多成分による複雑な反応により問題解決をはかる今後の技術のあり方を示していよう。リジンのような加熱に不安定な塩基性アミノ酸は、高温時に他成分との反応性は強く、古米の炊飯に異臭抑制の役目でも添加されることもある。

　ミカンのかん詰はシラップが白濁する問題があり、その原因は果肉中のヘスペリジンの晶出による。この防止には

(a)ヘスペリジン含量の少ない品種または完熟した原料や貯蔵原料を使う。
(b)水洗を十分に行ない除去する。
(c)糖液の濃度を高める。
(d)加熱処理をなるべくながくする。
(e)製品を再加熱する。

など原料および製造条件を考慮する方法があるが、このほか、合成糊料のメチルセルロースをごく微量（シラップに対して一～一〇ＰＰｍ）添加しての白濁防止もできる。そのメカニズムは明らかでないが、このメチルセルロースは安定な中性の高分子コロイドである点、他の食品添加物の糊料とは少し違う。そしてタンニン質と特異的に結合するような変った性質もあって、ヘスペリジン晶出防止になんらかの影響を与えるのであろう。糊料というと接着剤や粘度付与剤にだけ使うよう思われがちだが障害物の晶出防止にも有効であるこの例からも、要は持っている多くの特性を十分に知り、使いわける必要性を感じさせられる。

(2)　酵素の利用

化学薬品の代りに、酵素を使って障害成分の処理をする研究はもちろん、食品工業に利用されてもいる。

酵素反応はいちじるしい特異性と温和な条件で処理できる点、その特徴といえる。特に食品加工のごとき多成分を含む複雑な系で、他の成分になんら影響を及ぼさずに、目的とする物質のみを選択的にアタックできる場合もある。しかし、反面には、作用温度、時間、pH、阻害成分などの諸点を留意して処理条件を効果的に決めないと、生産性や製品品質の良否に関すること大である。

化粧品の酵素パックや酵素入クリームは、体表面の老廃皮膚タンパクの溶解除去にあるが、このタンパク分解酵素の食品処理への利用は広い。たとえば、醸造酒の熟成貯蔵期間中に生ずるタンパク質主体の混濁物を、プロテアーゼにより可溶化する方法、タラ肝臓からタンパク質を分解してビタミン油を効率よく採取する方法等々。また、前述のミカンかん詰シラップに生成しやすい白濁物質へスペリジンを酵素（ヘスペリジナーゼ）で分解する方法、夏ミカンの苦味ナリンギンを酵素で加水分解する方法、白桃をかん詰にする場合に生ずるスズ―アントシアンの紫変を、アントシアナーゼで色素の分解を行なう方法など、果実加工にも酵素の働きが期待されている。しかし、現実には用いた後の酵素の分解または不活性化工程に難点をもつ場合もあり、他の化学的処理に頼ることも多い。

グルコース・オキシダーゼとカタラーゼの併用による脱酸素作用は、食品加工に用いられている実例である。すなわち

①
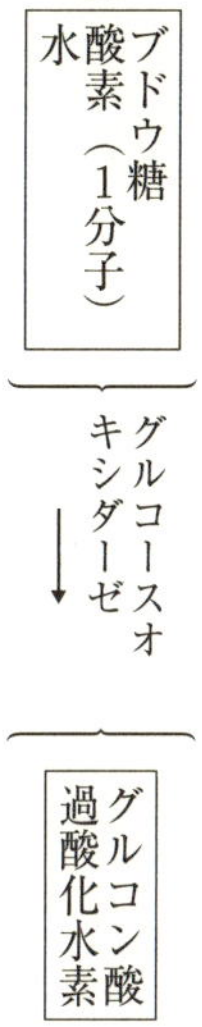

② 過酸化水素 —カタラーゼ→ 水 ／ 酸素（$1/2$分子）

と連なり、両者の併用による結果では、ブドウ糖一八〇グラムと酸素一二・二リットル（一六グラム）を反応させ、グルコン酸一九六グラムに代える作用を示す。その用途として、卵白中に糖分が含まれていると乾燥卵が褐変しやすいので、この併用酵素によりグルコースの変換、また、ハムやソーセージは酸素の存在で暗褐色になりやすいので、併用酵素により酸素の変換など、グルコースあるいは酸素のいずれを問わず、障害成分になるものを変換消滅させることができる。

また、鶏卵をプロテアーゼで処理し、熱凝固性を消失させ、加熱殺菌を可能とした鶏卵加工品も市販されている。

3. 生物的手法

食品工場の廃水処理に必須の活性汚泥法は、好気性の細菌や原生動物を利用して、廃水中の有機物を吸着、凝集させ、これを酸化分解による無害化をはかることによる。〝タデ喰う虫も好き好き〟というか、石油を食べる微生物、化学的に抜群に安定な公害物質ＰＣＢ（ポリ塩化ビフェニル）をも食べる微生物も存在するという。また、土壌細菌の変種であるモリタイ菌をウジ虫を食べさせ、ハエの発生を防ぐという研究がある。[7] この菌は他の動物には無害なので、飼料に混ぜて家畜に与えれば、その排せつ物はウジやハエの発生源にならないはず——と考えは発展している。

微生物よりスケールを大きくして見渡すと、南アフリカ原産の熱帯魚グッピーは、汚水中のボーフラ退治や、汚染物の生物的な変換、または濃縮による固定化など公害処理に有効だという。生きた魚を捕えるのが不得手なのか、死んだ魚や弱った魚のみを食べて生きているヨシキリザメは、〝海の掃除夫〟との別名を持つ。また、マレーシアの奥深くの森林地帯で、多量の倒木や枯木を急速に処分し掃除する主役が、住宅の大敵とおそれられているあのシロアリである。

農業面でも、化学農薬を否定した天敵使用の方向にある今日、合鴨農法のように生物を上手に利用して障害物質や不要なものの無害化や消滅をはかる手法を、食品工業においても考慮してみる必要があるのではなかろうか。

第6章　分解反応の利用

家庭でかつて使われた洗剤の成分にＡＢＳ（アルキルベンゼンスルホン酸ナトリウム）という洗浄力の強い物質が入っていた。このＡＢＳは高度の起泡性を持っており、それが洗浄性の向上を側面から助けているといえよう。しかし、洗浄という役目が終ったＡＢＳは、すすぎ水に溶け込んで河川に流され、あるいは下水を通じ、汚水処理場へ流れていく。同じ洗剤でも昔からある石けんならば、河川や汚水処理場の微生物により分解され消滅してしまうものだが、ＡＢＳの場合はそうはいかない。ＡＢＳは比較的安定な化合物で、微生物に強く、容易に分解されないため河川や汚水処理場を泡だらけにする。

この対策としては、微生物に弱いＡＢＳを使わなければならない。従来からのＡＢＳをハード型とすると、分解消滅しやすいものをソフト型ＡＢＳと呼んでいる。ハードとソフトはともに石油系洗剤で内容は同じＡＢＳだが、図６・１に略記したように化学構造は少し違う。亀の甲に十字架のハード型に対し、ソフト型は亀の甲に長い尾といった感じであり、この差が微生物に対する抵抗の強弱を決めているといえよう。構造から見ても、微生物にとってソフトの方が食べやすいか。

かように、ある時点において有益な役割を行なって後、不要となったものを次の段階で分解し、

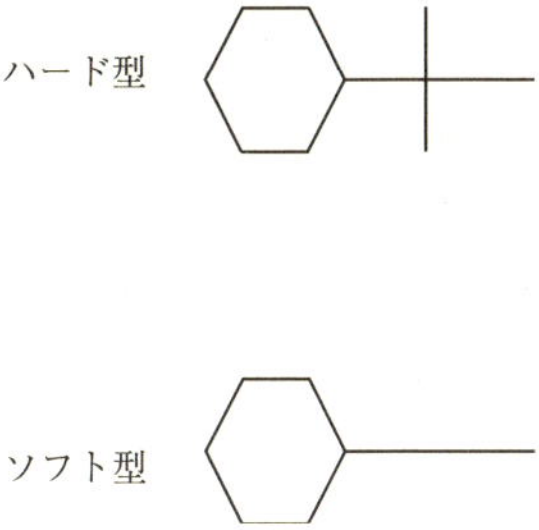

図6.1

消滅することを望まれる場合も多い。前例のケースでは、ハード型ＡＢＳの分解力を持つ微生物を見出すよりも、はじめからＡＢＳ本体の構造を変えて、分解容易なものをつくったほうが手軽であることによろう。〝弱さが売りもの〟とは妙だが、問題解決の一法になるのがこれからの時代といいたい。

この分解消滅反応とは全く反対の分解生成を利用することもある。両者はともかく分解法によるとの共通性を持ち、興味深い例も多く見られる。本章では分解反応を中心に食品加工を眺めてみたい。

1．分解消滅手法の利用

現在は使用されていないが、初期の有機リン剤にＴＥＰＰ（テトラエチルピロフォスフェート）という農薬があった。アブラムシやダニなどに速効的で強度の殺虫力を持つが、不安定なため残効性は非常に少ない。それゆえ、野菜や茶など残留毒を特に嫌うものに好適だが、このＴＥＰＰ、人畜にも猛毒（マウスLD_{50}……体重一kg当り二mg）で特定毒物に指定されてもいた。ＴＥＰＰは次式のようにピロリン酸とエチルアルコールの化合物であり、田畑に撒布すれば殺虫作用を行なって後、徐々に加水分解して再び無害な両者が再生することになる。

（無毒）　　　（無毒）　　　　　脱水　　（猛毒）
ピロリン酸＋エチルアルコール ⇄ ＴＥＰＰ
　　　　　　　　　　　　　　加水分解

最近、食品添加物が有害性のおそれから分解消滅するような保存料の研究、あるいは中和反応の利用などが見直されつつあり、これからの添加物や加工法のあり方と感じられる。デンプン粒を加え、エコロジーを目的とした分解消滅型プラスチックフィルムも同類発想の一つだ。以下、個別的に分解消滅反応例を示そう。

(1)　塩素系殺菌剤

次亜塩素酸ナトリウムおよび次亜塩素酸カルシウム（高度サラシ粉、カルキ）は、飲み水やプール、あるいは食品の殺菌に広く使われている。これらは微生物を酸化殺菌すると同時に、自分自身は食塩や塩化カルシウムのごとき無害な物質に変ってしまう。しかし、そうはいっても過剰に加えた場合はこの限りでなく、未分解物は残存する。また、この殺菌剤は食品成分のタンパク質にも作用するので、その影響の研究も進んでいる。

水道水中には、必ず消毒のために塩素ガスを溶かし込んであり、残留塩素が水道水の安全性の目安になっている程だ。それゆえ、この水で金魚を飼う場合、一晩くみ置きして塩素ガスを揮散させるか、写真のＤＰ薬のチオ硫酸ナトリウム（食品添加物ではない）の小結晶を溶かし込んで脱塩素するかの処理をして後に飼う。かつてクロルテトラサイクリン（ＣＴＣ）という殺菌性の抗生物質を含む鮮魚保存用の衛生氷が許可されていた頃ＣＴＣは塩素に弱く分解しやすいので、製氷用水に前記のチオ硫酸ナトリウムを溶かし、塩素ガスを反応消滅する方法が許されていた。

(2) 過酸化水素

どこの家庭の救急箱にも消毒薬オキシドール（過酸化水素三％水溶液）のかたちで入っているほど、一般化された殺菌剤である。かつては食品加工には酸化性を利用して、漂白と殺菌の目的でかまぼこ、ハンペンなど水産ねり製品をはじめ、多くの食品に使用された時代もあった。次式のごとく

$$過酸化水素 \xrightarrow{分解} 水 + 酸素$$

と簡単に分解消滅して無害化するものと従来は考えられていたが、食品中では意外に安定のようである。

過酸化水素の分解促進作用を持つものには、酵素（カタラーゼ）および重金属（鉄や銅）がある。カタラーゼは鉄を含む酵素で最適pHは五～八、それより酸性になると失活する。また、作用温度は五〇℃以下が望ましい。現在、カズノコの過酸化水素漂白の後処理をはじめ、いくつかの食品に利

用、あるいは研究されているが、なんといっても酵素であるため前記適応条件を守ることが大切といえよう。一方、重金属塩を使った分解消滅法においても、めん類に関しての研究がある。すなわち、酸性に調整した過酸化水素溶液に、ゆでめんを浸漬して殺菌した後、第二鉄塩を添加し、次いで包装して加熱殺菌を行なうゆでめん類の製造法(1)や、第一硫酸鉄とアスコルビン酸（ビタミンC）との混合物によって過酸化水素を分解する方法(2)等々分解剤の併用や操作を含めたいろいろのアイデアは興味深い。しかし、鉄塩の利用は製品の着色という問題が残されている。

ともあれ、〝最終食品の完成と別に分解または除去すること〟との使用制限が定められている過酸化水素に対し、分解消滅処理の必要性は今後ますます大きくなってこよう。

(3)　臭素酸カリウム

現在は小麦粉処理剤として、また、かつては水産ねり製品の弾力増強剤として用いられる臭素酸カリウム（別名ブロム酸カリ）は、ウサギの経口投与で、体重一kg当り二五〇～五八〇mgの最少致死量という毒性を示す。しかし、食品中の還元成分と反応し品質改良作用を果した後は安全性の高い臭化カリという物質に変ってしまう。ただ問題になるのは、対象食品の還元性（臭素酸カリを無害な臭化カリに変化させる性質）の多少により、有害な未分解物が食品中に残る心配もあった。この点、たとえ効果が大きいとはいえ、有害性のおそれを持つ添加物については、使用基準内でも添加量を減らそうとの努力を常に心がけなければならない。

(4) 亜硫酸系還元剤

次亜硫酸ナトリウム、酸性亜硫酸ナトリウムなど、最近では大気汚染の一原因物質になっている無水亜硫酸（SO_2）を含む化合物は、食品添加物として殺菌、漂白、変色防止等々の目的で広く使われている。（たとえば、白ワイン、ドライフルーツ、甘納豆、煮豆など）。これらも食品加工に利用された後は安全性の高い硫酸塩（たとえば硫酸ナトリウム）に変るが、過剰に加えられた亜硫酸分の残存は好ましくなく、食品衛生法では残存量の規制がある。

亜硫酸系にせよ、臭素酸カリにせよ、一部に残存のおそれあるものは、前記した過酸化水素の分解手法のごとく、適した分解剤または処理によって、その有害性を完全に消滅させる技術の開発が待たれる。

(5) DEPC（ジエチルピロカーボネート）の考え方

食品を冷却する場合、氷やドライアイスが品温低下剤としてまず考えられる。氷は食品を冷却するとともに、氷自体は融解熱を食品から受けて溶け、液体の水に変り、流れ去ってしまう。一方、ドライアイスは固形炭酸といわれ、炭酸ガスを低温断熱膨張で固結したものであり、冷却能を果した後は、当然もとの炭酸ガスに戻って気化してしまう。推理小説にあったドライアイス製の銃弾殺人事件は、その硬さと気化性を利用し、証拠の弾丸を残さない分解消滅型トリックといえよう。

さて、食品の保存性向上においても、本来、殺菌、保存料は食品中の微生物に対して毒物であって、微生物の好ましくない行動を抑えるものだ。しかしその半面、これら薬剤が食品と一緒に摂取されて人体内に入った場合、内蔵機能に多少の障害を与えるおそれは当然考えられる。エチルアルコールと炭酸ガスとの反応物ともいえるＤＥＰＣ（ジエチルピロカーボネート……バイエル社の商品名はＢＡＹＣＯＶＩＮ）は、この点で理想的な分解消滅型の殺菌料といえる。

果実風の香気を持つＤＥＰＣをブドウ酒やジュースなどに加え、これを密封保存すれば殺菌作用を行なうとともに、ＤＥＰＣは徐々に加水分解して無害な前記二成分に変るわけである。しかし、この分解反応が果して完全に行なわれるか、有害な中間分解物が生成することはないだろうか、等々の問題もあり、食品添加物として指定されていない。

ＤＥＰＣと同じメカニズムの防腐性を持つ物質にＢＰＬ（ベーターープロピオラクトン）がある。これは普通の乳酸（アルファー型）の親類筋に当るベーターヒドロキシプロピオン酸から水を強引に除いたものゆえ、加水して加熱分解すれば無害の乳酸異性体を再成する。しかし、ＢＰＬ自身が発ガン性のおそれがあり、食品への使用は認められていない。

(6)　中和消滅

ミカンかん詰の製造時に、その内果皮（ふくろ）を取り除くため、強酸である塩酸と、強アルカリである水酸化ナトリウム（カ性ソーダ）で順次処理する。最初に酸に浸して内果皮を十分にふやかし、次いでアルカリ浸漬により溶解除去するわけだが、使用後の両劇薬は中和され、食塩に変って無害化する。

酸分解法によるアミノ酸調味料製造の場合も同様、原料大豆を塩酸水溶液で長時間加熱し、タンパクを加水分解して味のよいアミノ酸やペプチドに変えて後、残存塩酸分をソーダ灰（炭酸ナトリウム）でpH五・五まで中和させる。また、デンプンを酸で糖化して、アメやブドウ糖をつくった後にも、残存酸分はアルカリによって中和され、強酸は消滅する。この際、使用する酸にシュウ酸を用いた場合は、中和生成物が水溶性では、有害なシュウ酸分が食品中に残ることになるので、炭酸カルシウムで中和、シュウ酸カルシウム（水に不溶）の形で沈殿をつくってろ過除去を行なう。

2．分解生成反応の利用

(1)　酵素による分解生成

粉カラシを水でとくと、カラシ成分のシニグリンが酵素ミロシナーゼによって加水分解し、アリルイソシアネート（アリルカラシ油）が生成して香辛味がでてくる。この香辛味は不安定であるため、使用時の少し前にカラシをとくのが普通である。かように水を加えてねることで食品中に含まれている酵素を活発化し、これが食品中のにおいの前駆物質（無臭）を分解、新しい香りを生成させて食品に特徴を付与する例は粉ワサビの場合もあてはまる。

しかし、一般に食品を加工するときに熱をかける場合が多く、そのため揮発性フレーバーも蒸散するとともに、フレーバー酵素も壊れてしまう。一方、においの前駆物質のほうは前二者より安定であり、加工後も残存する可能性が大きい。そこで、加熱済食品に適当なフレーバー酵素を加えて、残存前駆物質を十分に発香させ活用する手法が行なわれる。さらに、酵素補充のみならず、前駆物質の補充の面も考えてみるとおもしろい。一方乳脂肪にリパーゼを作用させ、牛乳特有のミルク・フレーバーをつくっているがこの場合は牛乳起源酵素化学合成（?）反応ともいえよう。

酵素による分解生成反応は、前記したフレーバー酵素を加工食品に添加するという点で興味深いが、その他、デンプンをアミラーゼで加水分解して甘味を、また、大豆タンパクをプロテアーゼ処理して呈味物質を出現させるなど、従来から普通に行なわれてきた。化学的合成品の食品添加物の是非が話題となっている今日、酵素の研究とあわせて、食品中に存在する前駆物質についても十分調査研究し、両者の発展的な併用により、新たなる手法の発見が期待されよう。

(2) 化学反応による分解生成

(a) 分解酸生成

一般に食品の保存性は、強アルカリの場合もよいが、一般には酸性が強いほど高まる。保存料や殺菌料も同じこと、pHを低めてその効果を高めている。しかし、食品によっては製造時にそう簡単に酸を加えられないものもある。たとえば、かまぼこ、ちくわのような水産ねり製品や、ソーセージなどの食肉加工品の場合がそうである。これらは生の原料の魚肉や豚肉に少量の食塩を加え、すり潰しながらねりあわせ、相互の結着性によりまとまるわけ。ところがこの擂潰工程で酸を加えると、pHが低くなり等電点に近づくにつれて肉タンパクが擂潰中に酸凝固し、結着性が減少していくことによる。すなわち、これら肉タンパク質の等電点が酸側にあるため、酸を加えることで肉組織が酸変性を受け、まとまらなくなるため、優秀な製品どころか全く形をなし得ない破目におちいってしまう。しかし、製品の保存性を増すためには、どうしても酸を加えてpHを低めねばという矛盾が生れてくる。そこでこれらのタンパク製品製造の最終工程である加熱段階で、はじめて酸を生成し、製品のpHを低めるいわゆる酸前駆物質がないものかとの探索となった。

この要望にこたえたものがＧＤＬ（グルコノデルタラクトン）である。グルコン酸という非常にまる味のある有機酸を真空状態で加熱し、分子内脱水を行なって得たものがＧＤＬである。したがってＧＤＬは水に溶かしてもすぐにはpHを低下させる酸とは違うが、水と加温すれば再びグルコン酸を生じ、酸剤として働く。すなわち、最初は酸ではなく、最終工程で酸剤に変るというタイムラグを持たした酸剤ともいえよう。このＧＤＬの特性を活かして、かまぼこやソーセージの製造に保存料とともに使用されているが、全く別の用途として豆腐の凝固剤がある。

豆腐といえば、昔から豆乳と苦汁（にがり……塩化マグネシウム）との凝固反応物と相場は決っていたが、大豆タンパクの凝固はなにもマグネシウムやカルシウムとは限らない。タンパクは酸でも凝固する。このタイムラグ性を特徴とする酸剤（ＧＤＬ）を豆乳に対して〇・二～〇・四％添加することで、次のような効果があらわれる。

(イ)　凝固むらができない

(ロ)　きめの細かな良質の豆腐ができる

(ハ)　pHが低くなり、保存性が向上

等々、そのメリットは大きい。

製パン時のベーキング・パウダー（膨剤）も、反応遅延性のあることが望ましい。すなわち、膨剤は酸、アルカリ反応により発生した炭酸ガスでパンをふくらませるため、普通はアルカリ剤として重曹、酸剤として重酒石酸カリ、焼みょうばん、第一リン酸カルシウム等々が組成となっている。パン生地をつくるとき、小麦粉に膨剤を混ぜ、次いで水を加えてねるが、このときから膨剤は分解しはじめるので、この間に発生したガスは損失となる。本来、膨剤は製パンの加熱時にガス発生すればよいわけで、そのため次に示すような加水分解という一ステップを経る酸前駆物が酸剤として用いられるようになった。

(イ)　従来の膨剤の反応式

酸剤＋重曹⟶炭酸ガス

(ロ)　酸前駆物入り膨剤の反応式

酸前駆物$\xrightarrow{\text{加水分解}}$酸剤＋重曹⟶炭酸ガス

ＧＤＬは六単糖からつくったラクトンで、酸前駆物質とはいえ、その水溶液は常温でも徐々に分解していき、グルコン酸を生成する欠点を持つ。これに対し、同じラクトンでもＡＧＬ（アラボノガンマラクトン）というＧＤＬより安定な酸前駆物がある。ＡＧＬは五単糖のラクトンで、酸生成速度はかなりおそい。食品添加物には未だ指定されていないが、このＡＧＬについての応用も、発展も面白そう。

一方、乳酸を真空濃縮してつくる脱水縮合物、すなわち縮合乳酸や、乳酸二分子の脱水物であるラクチドも、今後の活用が期待されるものである。とくにこの両者は、乳酸を濃縮するときには必ず生成する物質で、市販の乳酸の中にも含まれている点、すでになじみ深い成分といえよう。また、生成する酸が防腐作用をも持つ乳酸ゆえ独特なメリットも持つ。

乳酸の系統ではグリセリル乳酸（グリセリンと乳酸のエステルで添加物不指定）を単独、またはカルシウム塩類と併用して豆乳に加える袋入り豆腐の製造特許[3]もある。前述のＧＤＬよりも、このグリセリル乳酸のほうが加温安定性（五〇℃まで）はよいという。

これも添加物の指定はないが、ソルビン酸・パルミチン酸の無水物は、パン生地中に添加しても酵母の働きを損わない。焙焼によってはじめてソルビン酸を遊離し、保存性を高め得る。ともあれ、酸無水物（酸単独または二つの酸から水分子が離脱したもの……たとえばラクトン、ラクチド、ＧＤＬなど）や、エステル（酸とアルコールが反応して水分子が離脱したもの……たとえばラクチル乳酸）などで、適度に加水分解してから酸を生成するものこそ、この役割にピッタリ合った添加物といえよう。

(b)分解ガス生成

前記したベーキングパウダーが、この分解ガス生成反応の適例である。重曹と酸剤の化学反応で炭酸ガスが生成するわけだが、アルカリと酸による一種の中和反応と見ることもできる。そのため、ガス放出後のpHが中性になる点、食品成分に悪影響を及ぼすことは少ない。また重曹と酸剤の配合をいろいろ変えてみると最終食品のpHを任意に決めることも可能である。一方、配合される酸剤の種類により、炭酸ガスの発生速度のコントロールも容易となる。酸剤のうち、重酒石酸カリのごとき有機酸類は速効型、第一リン酸ナトリウムは中程度のガス発生スピード、焼みょうばんは遅効タイプ等々。現在の膨剤は、実際的なパン生地のふくらみ具合にあわせてこれら各酸剤を配合し、ガスの損失を減らし、パンにひび割れができないよう、そして均質にふくらませる処方に近づけてある。

また、重曹や炭酸アンモニウムなどの膨剤原料は、単独で加熱しただけでも分解して炭酸ガスを生ずる。特に後者は常温でも徐々に分解しており、アンモニア臭を感ずる。余談にはなるが、炭酸アンモニウムを水に溶かすと水から水和熱を奪って液温を低下させる現象を示す。化学薬品の中には、このように水和熱を吸収して液温を低めるもの、それとは反対に水和熱を発生して液温を上昇させる物質（たとえば酸化カルシウム、塩化カルシウム、ピロリン酸ナトリウムなど）もあり、これらを食品加工技術の一手法にするのも興味深い。

今日、上部のかん内には食品、下部のかん内には水和熱利用の発熱剤（酸化カルシウム）薬品を入れた二重発熱剤または二段のかん詰が生産されている。たとえば、おかん機能付清酒缶など冬季の釣マニアに喜ばれる。さらに内容食品の直接加熱だけでなしに、発熱体の熱を水蒸気に変えてのジェットボックスタイプの蒸し容器入り商品まで発展している。食べるにあたり下部かん内に水を加え、その水和熱によって内容食品の加温、または冷却法のアイデアである。この場合、被加熱食品に対し、発熱量から計算し、水和発熱剤を多く使う点に問題が残る。しかし、十分な加熱でなくても、品温のわずかな差でも製品のおいしさに大きく影響するケースには、軽度の分解熱生成の手法で応用の範囲も広がるのではないか。

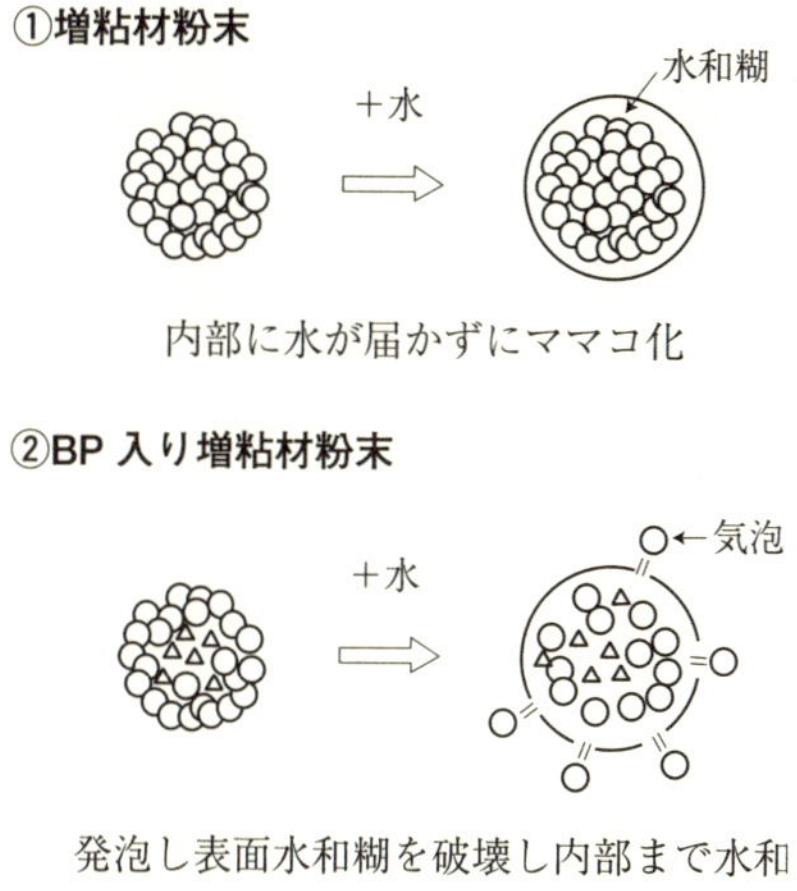

図 6.2

　活性化鉄による脱酸素剤は、酸素を吸収して包装内の食品を酸化変質から守る好気性微生物の繁殖を抑えるのが目的だが、同じ活性化鉄でも酸素との反応熱を利用した『使いすてカイロ』（成分は鉄粉、水、木粉、活性炭、バーミキュライト、食塩など）にも使える。この活性化鉄の食品加温への利用も可能だが、発熱反応速度をコントロールする技術の課題が残されている。

グアーガムやMC（メチルセルロース）等、天然または合成糊料を水に溶かす場合、よくかくはんしながら添加しないと、いわゆるママコと呼ばれる凝集物を生じ、これがなかなか溶けにくい。ママコは粉体がまとまって水中に落ちたため、粉体ブロックの表面だけが水和膨潤して粘着性水和糊の壁を形成し、ブロック内まで水が浸透不可能（すなわち溶解不能）になるわけである。これら糊料に膨剤（BP）を混合しておけば、水に投入時、発生した炭酸ガス圧でママコの膨潤外壁は破壊分散され、均質な粘液を迅速に得ることができる（図6・2参照）。

(c) 分解呈味生成

イノシン酸やグアニル酸などの核酸系調味料は、酵素（ホスファターゼ）に弱く、脱リン酸されて呈味性を失ってしまう。その対策の一つとして、核酸系調味料のカルシウム塩（5′―リボヌクレオタイド・カルシウム）の形で食品に添加する場合がある。このものは常温で一〇〇リットルの水に約〇・二グラム程度しか溶けない特徴を持つ。水産ねり製品をつくる場合を例にとれば、一般の水溶性ヌクレオタイドは魚肉すりみ中に含まれている酵素によって分解を受けるためにロスも大きい。ところがカルシウム塩となると難溶性ゆえ、酵素がアタックしようもない。すなわち、加熱直前に酵素活性の強い魚肉すりみの段階ではカルシウム塩として粉体の状態で分散し、加熱によって酵素が失活したころからカルシウムをフリー化し、本来のヌクレオタイドに戻る。さらに、この遊離カルシウムは魚肉タンパクと結びつき、かまぼこの足強化に役立つとの副効果も生ずるとも考えたい。

第7章　食材のコーティング

コーティング（COATING）とはおおう、かぶせる、着せる、塗る等々の意味を持ち、この手法を用いた実例はわれわれの身の回りにも非常に多い。

たとえば、医薬品の錠剤でもその表面はなめらかな光沢を持ち、鮮明に着色されているが、これも有効成分をコーティングしたものにほかならない。その目的とするところは、

(a)　有効成分の空気酸化や吸湿の防止などからの保護。

(b)　糖衣錠の場合は、薬を飲みやすくする。

(c)　着色したコーティング剤による誤用の防止。

等々であるが、さらに進んで二重層から三重層へと多重層化も考えられ、実用化もしている。さらに服用した薬が強酸性の胃内を分解することなしに通過し、アルカリ性の腸内に無事到達して薬効を示す腸専門の治療薬は、コーティング錠剤の活用によって生まれた。また、胃や腸にそれぞれ適した薬を、その目的となる臓器に対して別々に送り込める一剤型併用錠剤も可能だし、錠剤の溶解速度を遅らせて薬効の時間的調節や、薬効成分の溶解順序も自由に調整して、治療効果を十二分に向上させることもできる。

このように、コーティングと一口にいっても、内容物の品質安定をはかる保護作用から表面状態の改善等々、その役割は多彩であり、さらに、それらの役割が重複している場合も少なくない。ここで食品加工に関したコーティング手法を表面処理法も含めて、役割ごとに分類整理すれば、次なる発展に役立とう。

１．内容物の保護

雨の日にレイン・コートを着るのは背広のぬれを防ぐためだが、それと同様、品質維持の目的での保護コーティングは食品工業に広く利用されている。

(1)　内容物の吸湿防止

塩吹昆布は調味料として食塩とグルタミン酸ナトリウムをまぶすので吸湿性がひどく、それにより変色することにもなる。そのため、この調味まぶし粉を乳化剤や硬化油などでコーティングして、それを昆布面にまぶす手法がある。(1) 天然調味料や香辛料などでも、容器入りのものならば乾燥剤を入れて防湿するか、あるいは乾燥と流動を兼ね備えた無機粉末を混合するかなどで解決できよう。ところがこの昆布の場合、昆布自体の柔軟さを保つためにもある程度の水分含有を必要とする。そういう完全乾燥をなし得ない事情のため、どうしても調味まぶし粉の方を防湿処理、すなわち、粒子面の疎水化が最適の策となったのであろう。さらに、風味や食感に影響ない程度の防湿処理を本体の昆布の方にも行なえればより防湿性を、増すことになろう。

一方、有機酸を有機酸塩でコーティングするという一風変った特許[2]もある。すなわち、酒石酸やクエン酸のような酸を乳酸カルシウムで包んで防湿する方法である。一見しただけでは、乳酸カルシウムはサラサラした粉末だが、分子の結晶水を持っているので加熱すれば自己融解を起こす。この性質を知ったからこそ、コーティング材に選ばれたといえよう。

食品とは異なった例[3]ではあるが、塩化ビニル樹脂（PVC）の硬質ものをつくる場合、炭酸カルシウムのような充填材を加える。しかし、充填材の量が多くなると、PVCに添加してある可塑剤（たとえばDOPやDBP）を吸収し、PVCの物性を変化させてしまう。そこで、ステアリン酸カルシウムでコーティングした炭酸カルシウムを充填材として用いることにより、可塑剤の吸収を弱め、親水性を減少させ、耐電、耐熱性を高めて加工時の潤滑性を向上し、作業性を改善するという。

(2)　内容物の流出防止

ハンバーグを焼くときには、最初は中火で強く、次いでふたをして弱火でじっくり焼く。これはハンバーグ表面を強熱することで表面の肉たんぱくを熱変性させ、凝固表面層を形成することによりおいしい内部のエキス成分の流出を防ぐわけで熱を利用したコーティング形成手法といえよう。

また、魚を煮るときに汁を煮たててから入れること、魚を焼く場合にも塩をふりかけてから焼くこと等々も同じ意味を持つ。

直接加熱してたんぱくを熱凝固させる手法から一歩進めて考えれば、空揚げから天ぷら、そしてパン粉づけへと発展してコーティング材料を利用することになる。この場合の特徴は、小麦粉のトロやパン粉を使った衣によったものだが、この衣層も揚げもの材料中の呈味成分の洩出を防ぎ、材料から発生する水蒸気の逃げも抑え、さらに、材料自体を適温で加熱させるような環境づくりにも協力していよう。一方、トロ（バッター液）の方も単に小麦粉を水でといただけではなく、増粘多糖類、ベーキング・パウダーや卵を入れて、コーティング質の改良がはかられてもいる。吸ものに使う魚肉や鳥肉は、でんぷんをまぶしてから汁に加えるが、これは材料のうま味をでんぷんに吸収させるとともに、汁の濁りを防ぐ目的にほかならない。

ナスの味噌煮をつくるにも、あらかじめナスをいためて表面を植物油でコーティングしておくのは、紫色の天然色素ナスニン（水溶性）の溶出を抑えるためである。同様に、サンドイッチやハンバーガー用のパンにはバターをたっぷりと塗りつけてあるが、含水量の高い野菜などの水分をパンに移行させて、湿らせないための防水性の壁を作ったものと考えてよい。また、油脂類は食品のおいしさや食感をよくする効果も持つ。

(3)　内容物の損失防止

水の沸点は一〇〇℃だが、それ以下の温度でも徐々に水は蒸発し続けている。物干にかけた洗濯ものが数時間で乾くことは誰しも当然と気にとめないが、水の沸点から考え直してみると、常温における水の蒸発速度が意外に大きいのに驚く。これを地球にまでスケール・アップすれば、海洋の水が蒸発するから雲を生じ、雨も降るという循環がくり返されている。われわれにとってなくてはならない水道水の源は貯水池、その池面から日夜蒸発する水の損失はばく大な量であると聞く。この対策として、高級脂肪族アルコール（水より軽い油性ワックスのようなもの）や、気泡を包んだマイクロカプセルを貯水池に投入し、油の拡がり性を利用して、池面をこれら浮遊物の薄層でおおい、水の蒸発を抑制する研究もある。しかし、この方法には、風が強いと浮遊物が池面の片側だけに吹き寄せられて、効果が減少するとの欠点がある。が、前向きの考え方であることには間違いない。

水の蒸発を抑制すれば、蒸発の潜熱を失なわないので、日光のエネルギーを吸収した分だけ水温は上昇していく。この現象を活用して、寒冷地における米の増収をはかるため、前記の池面コーティング浮遊物質を水温上昇用に、水田に施すことも行なわれる。蒸発抑制の付帯効果というべきか。人の目でも涙が蒸発し乾かないよう、瞬きにより涙層表面に薄い油層を自然に形成する仕組みになっている。かように全く違った面でのコーティング活用は興味深い。

ミカンのワックス処理も、果肉中の水分蒸発防止の役目を果たす。さらに、ワックス中に殺菌剤を加えておけば、打ち傷に対しばんそうこう的保護にも役立つ。農地をワラで覆うマルチ栽培も一種のカバーリングである。

(4) 内容物の品質維持

粘稠なスープのポタージュを保存すると、表面が乾燥して硬い皮が張る。一度こういう皮ができると、再加熱してもなかなかポタージュ中に溶け込まない。これを防ぐには、ポタージュ液面に水や油を注ぎこんで層をつくり、乾燥を阻止する調理のコツが伝えられている（図7・1）。

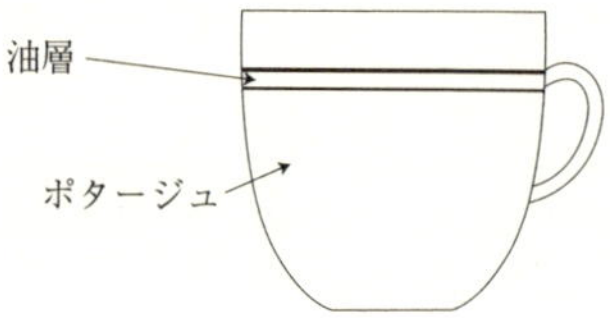

図 7.1　食用油を表面に注加しスープの保存

漬物の表面をおおう同様な処理法もある。すなわち、樽内に大根を塩水漬けしたものの表面を、漬けもの用塩水と容易に混合しないようなCMC[4]（繊維素グリコール酸ナトリウム）などの粘稠液の厚い層でコーティングする塩押し大根の製法である。それにより、漬けものの水分蒸散抑制、大根の浮上防止、空気との接触防止等々、製品に与える好ましくない因子をカットする。

魚の干ものをつくるときには乾燥が必要だが、みずみずしさが売りものの鮮魚となると、もちろん乾きは感心できない。とくに冷凍魚の場合、業務用の大型冷蔵庫中で冷風を送り、零下二〇℃以下まで急速に凍らすので、魚体からの水分蒸発は盛んとなる。これを冷凍保蔵している間にも冷風循環により魚体表面の水分蒸発が続いて行なわれ、いわゆる乾きや風味抜けを起こす。それに従い、組織的には魚の脂肪分がむき出しの多孔質化し、空気に直接触れるため酸化されやすくなり、色変りや焼けを生じて商品価値を著しく低める。困ったことに、魚の脂肪には非常に酸化されやすい高度不飽和脂肪酸を含み、この酸化生成物が毒性をもつことが証明されている。そのため、この問題は単に冷凍魚の品質低下だけではなく、食品衛生にも関連するので、なんらかの処置が望まれてきた。

この手法として、水が蒸発するならば水を補給すればよいとのはなはだ素朴な処理を行なう。それはアイス・グレーズ法といって、凍結魚を二℃くらいの水槽に浸漬すれば、魚体表面に付着した水はたちまち氷となり、氷衣を形成するわけ。このグレーズ魚を再び冷凍庫中に保蔵すればよい。しかし、水だけの使用では魚体への付着性や皮膜強度などにグレーズ液として不満の点がある。そこで、

(a)　魚体へグレーズの付着性をよくするには。
(b)　グレーズ皮膜の厚さを増すには。
(c)　グレーズ皮膜の耐ショック性の改善には（取り扱い時に皮膜が剥がれないように）。
(d)　経日減量の少ないグレーズを得るには。
(e)　冷凍魚の色変りを防ぐグレーズには。
(f)　グレーズ皮膜中の水分が蒸発しても皮膜を残すには。
(g)　水—油系の乳化グレーズでは。
(h)　オイルグレーズにしては（油脂の低温凝固性を利用しては）。

(i) アルギン酸ナトリウム―塩化カルシウム溶液の二段処理によるカルシウムアルギネートのゲル皮膜形成はどうか。

等々、グレーズ皮膜の改善研究の方向は広い。また、単なる薄い皮膜に限定せず、水の入った箱の中に冷凍魚を沈めそのまま凍結させた氷柱のごときグレーズ処理も〝着せる〟から〝氷中に入れる〟まで発展したコーティング手法（?）といえよう。

一方、生産と需要のバランスがくずれ、古米どころか古々米以上になるまでのストックを迫られる新米の保蔵性改善に、コーティング処理は有効という。

また、必須アミノ酸の一つである不安定なリジンは、糖類と強く反応して、本来のリジンの形を失ないロスとなる。粉末状のインスタント食品をリジンで強化する場合、こんなことではなにもならない。そのため、リンゴ酸やフマル酸などの吸湿性の少ない有機酸でリジンを覆い、それを他の粉末状食材と混合することで、インスタントジュースなどの経日安定化をはかる発明もある。

(5) 機械的強度の増加

かって、コーラ壜が内部のガス圧のために破裂し、けが人をだした事件があった。この壜の強化対策として、プラスチックコーティングが行なわれたが、こうすることで衝撃強度を高め、自動車のフロントガラス同様、破損してもガラスの飛散を抑えてくれる。

他方、寒天溶液などでアイスクリームをコーティングすることで、そのヒビ割れを防止する方法[5]。

また、あんをアルギン酸カルシウムゲルで被覆し、殺菌加熱時にもシラップ中へのあんの分散、溶解を抑制したあんみつのかん詰の製法[6]などアイデアは数多い。

2．生成遅延

内容成分の溶解を少しでも遅くしたいことがある。たとえば、溶解性のよい肥料を畑に施肥しても、一回の雨でたちまち流され、無効となってしまう。そのため、肥料に緩効性を与える方法の一つがコーティングである。この場合、粒状肥料の吸湿や固結を防ぐ二次効果を生ずるメリットもある。被膜層という防壁による内容の肥効成分の溶解抑制が、生成遅延に通ずるといえよう。

(1)　加熱による融解生成

かような目的のコーティング剤として、食品関連では常温で固体、加温により融解液化する油性ワックスを用いることが多い。ＩＭＰ（イノシン酸）やＧＭＰ（グアニル酸）などの核酸系調味料はカツオブシやシイタケの呈味成分として含まれているものだが、ホスファターゼという食品中に存在する脱リン酸酵素により、分解されて旨味を失う欠点を持つ。これをＩＭＰで説明すると、

$$\text{ＩＭＰ}\xrightarrow{\text{酵素}}\text{イノシン}+\text{リン酸}$$

となり、うま味のないものへと変身してしまう。

この防止法を考えると、

(a)　ＩＭＰをコーティングして分解を防ぐ。

(b)　ＩＭＰを難溶性塩（たとえばカルシウム塩）の形にして分解を防ぐ。

(c)　ホスファターゼを失活させる。

(d)　酵素分解しやすい他のリン酸塩を加え、酵素をその方に作用するよう仕向ける。

等々の方法が行なわれている。このうち(a)および(c)項を組み合わせた方式が、ここでいうコーティング手法になる。そのメカニズムは、ホスファターゼの完全に失活する温度（約八〇℃）付近まで融解しにくい防水性皮膜でＩＭＰを被覆しておき、その温度をこえて酵素が失活した後、はじめてコーティングが融解溶失し、、内容物のＩＭＰが食品中に溶出するのが理想というわけである。実際には酵素がもっとも活性化する温度は四〇℃くらいなので、皮膜材の融点はその範囲を越える温度ならばさしつかえない。

水素添加した硬化油でコーティングした食塩もある。すなわち、食肉の加工に不可欠の食塩は、細菌の発生も抑制するが、反面、肉たんぱくに化学変化を促進させる欠点もある。そこで、食塩添加による常温でのたんぱく溶出の防止、退色や酸化の防止などのため、加熱によってはじめて食塩が出現する融解生成方式となしたと思える。このコーティング食塩は、パン製造にも類似のメカニズムで有効に使用できるという。また、パン生地中にあって発酵阻害を起こさない保存料製剤（硬化油コーティング・フマル酸プラスプロピオン酸カルシウム）もある。

ベーキング・パウダーの遅効型酸剤ＧＤＬ（グルコノデルタラクトン）を、さらに遅効化するために、ＧＤＬ表面をステアリン酸カルシウム（日本では食品添加物として未指定）をコーティングする手法もある。また、親油性の被膜物質ではなしに、ＣＭＣやアルギン酸プロピレングリコールエステルなどの親水性粘性物質あるいは天然糊料を用い、膨潤に要するタイム・ラグによって溶解速度を調整させる乾燥被膜が特徴の〝発泡性アイスクリーム粉末ミックスの製品[7]〟は、変った着想として面白い。

(2)　加圧による破壊生成

コーティングを行なったものを、消費者が必要時に圧をかけて被膜を破り、内容物を利用することがあり、この場合はマイクロカプセル方式が一般的といえよう。代表例としては事務用の複写紙があげられ、ボールペンの押し圧により内蔵インキがフリー化し、複写される。マイクロカプセル化されたハッカ油もタバコに応用されているという。このカプセルはフィルターとタバコの中間部位に保持され、そのままでは普通のタバコ同様に味わえるが、ハッカの香りを望むときはカプセル保持部に指圧を加えることで、カプセルの壁部が破壊し、ハッカ入りのタバコとなる。指で押す押さないは個人の自由な点、好みにあわせたこれからの嗜好品のあり方とも考えられよう。化粧品の話ではあるが、カプセル香料入りの整髪料はクシを入れるたびにフレッシュな香料が遊離発生してくる。この香料をカプセル化せずに、最初から整髪料中に加えておくと、蒸発による損失はもちろん、酸化変質して異臭化することもあろう。マイクロカプセルの出現により、香料としてすぐれてはいるが経日により変質しやすく、今まで化粧品に利用できなかったという香料までをいかす道は開かれた。

3．付着防止

液体香辛料は粘稠でべたつく。これを取り扱いやすくするためアラビヤガム、デキストリンなどを含む被膜形成物質水溶液中で乳化し、親水性エマルジョンをつくり、噴霧乾燥してロックドスパイス（Locked spice powder）の形にすることが多い。また、酵素をマイクロカプセル化して、活性低下を防ぐとともに、サラサラした粉末状にすることもできる。

食品添加物のなかにも粘着防止剤がある。チューインガムやあめ類の表面にふりかけ、相互の粘着や包装材への付着の防止に有効なD―マンニットがそれで、一種の粉末状コーティング材と考えられよう。同様に、あめ玉や大福もちなどへのでんぷんふりかけも、商品形態維持の点から大切な処理である。ただし、付け過ぎないように。

ボンボン菓子といって、中心部が未凝固の砂糖シラップ、それを砂糖結晶層で包み、さらにコーンスターチでまぶしてある糖菓子がある。この製法は、濃厚砂糖液を加熱し、コーンスターチ粉末で作った型の中に流し込めば、糖液の表面層だけの砂糖が晶出固化してできあがる。これは砂糖液を砂糖結晶で包む変ったコーティング法といえよう。

4．表面状態の改良

昔の海苔養殖法は、カシ、ナラ、マダケなど小枝の多い「そだヒビ」を海水にたてて生育する方法が行なわれてきたが海水の干満の関係で海苔はその中心部しか生育せず、非常に不経済であった。そこで、「そだヒビ」の代りに、環境に応じて上げ下げできる網を使った「網ヒビ」法が開発され、養殖効率が著しく増してきた。当初、この網はシュロやパームなどの天然繊維で作られたが、現在ではビニロン、ナイロンなど耐久力の強い合成繊維に代っている。ところが、合成繊維となると水になじみにくい性質を持つので、海苔の付きがわるくはがれやすい。この対策として、合成繊維表面を化学処理して親水化する手法がとられている。表面に層をつけるコーティングではなく、表面に異質層を形成させる、または表面の層を変える改質法と考えられよう。

現在、食品包装に多用されているプラスチック・フィルムに、それぞれ性質の異なった数種のフィルムを貼合わせたラミネートタイプがある。単独のフィルムの短所を補なうため、他のフィルムとの組み合わせでこれを解決している。たとえば、印刷適性の付与（セロファン）、強度の付与（ポリエステル、ナイロン）、ガスバリア性（ポリ塩化ビニリデン）、日光の遮断（アルミホイル）ラミネート等々、多くのすぐれた特性を持つフィルムが開発された。

　一方、カマボコには組織の改善の目的で、炭酸カルシウムが加えられるが、この結果、カマボコ独得のつやを失う。そこで、炭酸カルシウムをモノグリ（グリセリン脂肪酸エステル…乳化剤の一種）でコーティングし、魚肉すりみ中への分散をよくさせ、また、製品のつやも改善させる。

　長野県寒天水産加工協会では〝古米に寒天を加えて炊けばおいしい御飯ができる〟とのPRをしている。これは、米を水中で加熱する時、米粒の周囲を粘稠な寒天溶液で包んで米粒の破壊を防ぎ、うま味の溶出も抑えるからと考えられよう。

5．添加のための利用

　米を濃厚なビタミンB_1やB_2で処理してつくった強化米は、普通の米一定量に何粒か混ぜればそれで足りる。この場合強化米の一粒一粒は栄養剤の計量単位と考えてよい。微量の栄養剤を秤量して添加するよりも、ずっと便利で使いやすいことは事実である。

　チョコレートがけしたアイスクリームもまた、コーティングの一法である。食感と風味の異なったチョコレート層と、中心部のアイスクリームとの組み合わせ冷菓製品は、両者の均質ミックス品とは少し変った趣きが生まれる。そして、普通は外側にあるチョコ層の方が熱で溶けにくい（融点が高い）ことが多く、内容物の熱変形を防ぐ殻の役目を持ってもいよう。

第8章　二段処理法（わけてみる方法）

水深二〇メートルより深い海中にいた潜水夫が、仕事を終えて一気に海面まで浮上すると潜水病を起こす。その原因は高圧から低圧状態へと急激な環境の変化によるもので、高圧下で血管内に溶け込んでいた窒素ガスはちょうどびん詰めビールやコーラの栓を抜いたときのように、急な減圧でガス化し、生じた気泡が血管をふさぎ、血液の流れをわるくして局所貧血をもたらすからである。それにより関節の激痛、はきけ、めまい、心臓麻痺、さらに後遺症まで残すというからおそろしい。潜水病の予防は、減圧を徐々に行なうことである。すなわち、潜水夫は深い海中から休み休みゆっくり、水面まで昇ってくればよい。また、一度潜水病にかかった患者は再び海中に沈めるか、あるいは圧力タンクに入れ、高圧下から徐々に減圧するという治療法もある。

食品加工においてもこの潜水病対策と同様、加熱や冷却を一息に行なわずに、二段に分けて処理すると好都合なことが多い。〝急がば回れ〟という言葉もある通り、階段を一歩一歩踏みしめて昇る方が、一度に飛び上るよりも効率的な場合にこの手法を用いる。一つの工程を二つに分けるなどというと、作業の迅速化とは相反するような感じをいだくかもしれないが、二つに分けることで反対に作業をスピード・アップしたり、できた製品の品質を向上させることにもなる。

ここでは二段処理法の興味深い例を中心に、この割算的（？）な手法の活用を考えてみたい。

1．加熱をわけてみる手法

(1) 温泉卵など

温泉地に行くと、卵白は凝固していないが、それに包まれた卵黄だけが凝固しているという変わったスタイルのゆで卵を売っていることがある。卵をゆでると外側より内側に熱が伝わるため、常識では外側の白身が最初に固まり、次いで黄身が固まるように考えてしまう。では、どうしてかように逆転した温泉卵をつくれるのだろうか？　それは卵黄と卵白の熱凝固点に微妙な差があるからである。卵白は六〇℃付近から凝固を始めるが、七〇～八〇℃くらいまで温度をあげない限り半凝固の状態に保たれる。これに対し卵黄の方は約六五℃の湯中にながく浸けておくと凝固する。それゆえ、六五℃から七〇℃近くの湯が出るところならば、あるいは温泉地でなくても家庭でも温度調節さえすれば、温泉卵（？）を容易につくることができ、今日では家電の温泉卵製造ジャーまで市販されている。

この温泉卵製造の手法は、鯨やカニの脱血にまで利用される。一般に鯨肉は肉部よりも血液の方が腐敗しやすく、変質とともに鯨臭も発するようにさえなる。そのため、この脱血処理は鯨肉の加工にとっても必要度が高い。そこで鯨肉と血液のたんぱくの熱凝固点を調べてみると、それぞれ五七～六七℃、七三～八三℃を示しており、したがって六八～七〇℃という比較的低温の熱湯中に五～七分、細切りした鯨肉を浸漬して肉たんぱく部分を固め、未凝固の血液部分を除去する方法がある(1)。

一方、カニかん詰めのブルーミート生成防止を目的とした分別凝固法（または低温煮熟法）と呼ばれる手法も、前記の鯨肉脱血法と全く同じメカニズムといえる。すなわち、カニの血液中に含まれているヘモシアニンという色素はかん詰めのカニ肉にしばしば濃い青色の斑点（ブルーミート）を生じさせる原因となる。これを防ぐにはヘモシアニンをカニ肉より除去すること、いいかえるとかに肉を完全脱血しなければならない。そこで両者の熱凝固点を比較すれば、

カニ肉たんぱく　　五五～六〇℃
カニ血液たんぱく　　約七〇℃

であり、この温度差を利用すれば脱血できる。その処理は、まずカニを約六〇℃の温湯の中で一次煮熟し、肉たんぱくだけを軽く凝固させて後、殻から肉を押し出し、水洗いをして熱凝固していない血液を流し去り、次いで沸騰水中で二次加熱（本煮熟）を行ない肉たんぱくを十分に凝固させる手法が実用化されている。この分別凝固法を行なったカニ肉は少し褐変しやすい欠点もあると聞くが、その改善は別の次元で考えればよいことであり、ブルーミート防止処理法としての評価は高い。

かように、二種類のタンパク質の熱凝固点の温度差をたくみに利用してクレームの解決、製品品

質の向上、新製品の開発にまで発展させる手法は、これからの食品加工技術にも大いに取り入れられることになろう。

(2) キャベツのブランチングなど

野菜の冷凍品をつくる場合、野菜を熱湯で処理するブランチングという処理を行なう。これは野菜中に含まれている酵素を熱で失活させ、野菜の長期冷凍保存中におきる品質低下を防ぐことが主目的である。ブランチングはグリンピースのような硬めで小粒なものには安心して行なえるが、芽キャベツ、ブロッコリー、ハナヤサイなどのごとき大型野菜の場合には中心部まで熱を通し酵素を失活させることは容易でない。内部まで熱を通そうとすれば外側の部分の加熱は過剰となり、組織は著しく軟化してしまう。そこで、最初は約五二℃まで加熱してから、次いで高温ブランチングする方法が考えられている(2)。

揚げものの場合もわざわざ二度揚げすることがある。前記のブランチングの温度は高くても一〇〇℃を越えることはないが、揚げものの油温は一六〇～一八〇℃にも達する。天ぷらのように衣付きの状態ならば材料が直接に高温の油に接しないからよいが、鶏のから揚げなどには二段加熱の方が上手に揚がる。すなわち最初は一四〇℃ぐらいの油で揚げ、鍋より取り出してからしばらくおくことで材料の内部まで温度分布を均質とする。その後、約一八〇℃で本揚げすると揚げ色もよく、芯まで十分に熱の通ったフライものができる。さつま揚げのような水産ねり製品の揚げにもこの方法が取り入れられている。一方、水蒸気で蒸してから油で揚げるという加熱媒体を変えてつくったねり製品もあり、この場合、製品の形は非常によい。ともあれ、月へ行くロケットでさえ、最初は地球のまわりを回る軌道に乗ってそこから月へ向かって進むというように、ものごとには順序があり、いかに順序を効果的に設定するかが大切といえる。

(3)　インスタントラーメンなど

油で揚げてつくるインスタントフライメンも二度加熱している。製造工程を大別すると以下のようになる。

(a)　混合（ミキシング）
(b)　圧延（ローリング）
(c)　蒸熱（スチーミング）
(d)　油揚げ（フライング）
(e)　冷却（クーリング）
(f)　包装（パッケージング）

このうち、加熱工程は蒸熱と油揚げであり、この両加熱の目的は全く違っている。

最初の蒸熱は、小麦粉の主成分であるでんぷんに水分を補給しながら加熱し、消化できる形のアルファー化することが目的であり、続く油揚げ工程は蒸し上った麺を約一五〇℃の油浴を通して急

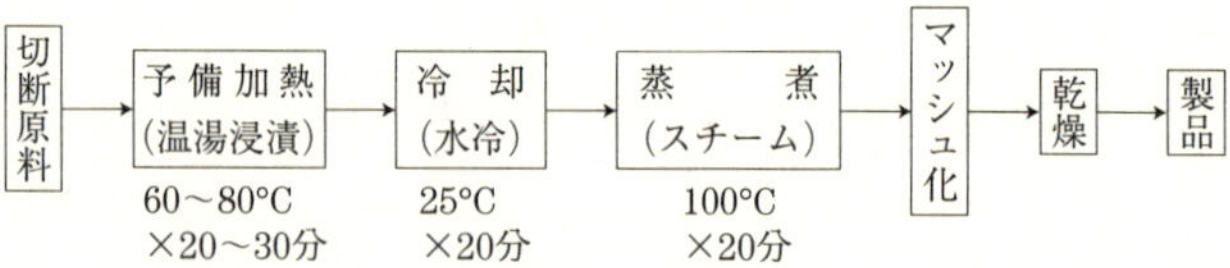

図8.1　乾燥マッシュポテトの製造

速脱水し、麺をアルファー化状態に維持することを目的とする。このような二つの加熱処理の組み合わせにより、初めて復元性にすぐれたインスタントフライメンが出現したわけで、小麦粉と水とを練り、つくった麺線を蒸熱工程なしに油揚げしてもインスタント化はしない。

乾燥マッシュポテトの製造にも、予備加熱をえた特許[3]があり、その製造工程は図8・1の通りである。

普通は予備加熱と冷却工程なしで切断原料を直接に蒸煮することになるが、マッシュポテトの粘稠化を防ぐために両工程が加わる。ばれいしょでんぷんのアミロースの糊化温度は六〇～八〇℃、一方アミロペクチンは八〇℃以上でアルファー化する。予備加熱は細胞壁の内側でアミロースを糊化させ、細胞壁に付着させて壁の強化に役立つという。

(4)　かまぼこなど

水産ねり製品の代表といわれるかまぼこは、味と足が命である。食品であるからには、どんなものでも味のよいことは必要条件だが、かまぼこの場合、あのシコシコした独特の食感、すなわち業者用語でいう〝足〟または〝腰〟とともに重要視されている。

では、かまぼこの足を強化するにはどうしたらよいであろうか。それには、
(a)添加物による足強化法
(b)添加物を使わないで足を強める方法（坐り法）
と大別でき、後者の坐り法はさらに低温坐りと高温坐り法（二段加熱法）に分けることができる。

かまぼこは原料魚肉を塩ずりし、調味料やでんぷんを加えてすりみをつくり、これを成型して後、水蒸気で八〇～九〇℃に加熱して製品化したものである。この際、すりみを成形せずにそのまま室温で放置すると、時間の経過するに従ってゾル状（ねりあんのような状態）からゲル状（コンニャクのような状態）に変わっていく。業者用語ではこの現象を〝坐り〟と呼ぶが、一度坐ったすりみを成形のために再擂潰すると著しく製品の足をおとす。それゆえ、〝坐り〟現象はかまぼこメーカーにとって歓迎されるものではなかった。とくに〝坐り〟は周囲の温度が高いほど速く進むため、よいかまぼこは夏場にはつくりにくい。以前、毎年七～八月は生産をさしひかえるメーカーがあるのも、この坐り現象が一因になってもいた。しかし、坐った〝すりみ〟をそのまま加熱すると非常に強い足が形成できるという変わった性質がある。この特性を活用したのがいわゆる坐り法であり、全国的に広く取り入れられるほど発展してきた。

かまぼこ製造の加熱工程において、五五～六五℃と九〇℃以上の加温条件は、足の形成に好ましくない。とくに六〇℃前後の加熱温度では弾力のない組織となり、商品価値は低下する。とはいうものの、かまぼこをつくるには九〇℃近くの加熱殺菌が必要で、いわゆる〝もどり〟現象を起こす

この六〇℃前後の温度を通らずにはいかない。そこで、坐りを活用して〝もどり〟温度を安全にパスしようとしたわけである。前記したように、すりみの坐り現象は低温では遅く、高い温度では速い。したがって、低温坐りの場合は五℃で一晩、また、高温坐りの場合は四〇～五〇℃で三十分くらいおいてから八〇～八五℃で本加熱することが望ましい。

この〝もどり〟が六〇℃ではなぜおこるかについては酵素作用などの説があるが、ともあれその温度より低温でかまぼこ組織の骨組をつくっておいて、〝もどり〟点を通過させることに意義を持つ。

かまぼこの場合とは逆に、やわらかに調理する目的で二段加熱を行なう方法もある。その例として、イカの煮ものがそうである。いきなりイカを沸騰した湯で煮ると、固くしまって歯がたたない。ところがイカの筋肉の中には肉たんぱくを溶解する酵素があり、五四～五七℃の温度で最高に働く。したがって、まずイカをこの温度の湯に浸けて十分にやわらかくしてから、次に沸騰させて本加熱するという方法でやわらかい煮イカを得る。もちろん、イカの薄皮をむくなどの調理操作も必要ではあるが④。

2．冷却をわけてみる手法

(1)　冷凍食品など

シューマイやギョウザなどを蒸した後すぐに凍結室に入れてもよい結果は得られない。なぜならば、蒸した製品の品温（約一〇〇℃）と凍結室の温度（約マイナス三〇℃）との温度差は大きく、表面と内部の凍結がアンバランスとなる。短時間で食品の表面が凍ったとしても、内部からの熱移動で解凍、そして再凍結、再解凍というように状態の変化が繰り返し行なわれることとなり、急速凍結したつもりでも実際は緩慢凍結にほかならず食品組織を劣化させてしまう。また、容量の小さい凍結室であったならば、凍結室自体の温度も高まる。

この点を改善するため、予冷という手法を行なう。強制冷風で品温を一〇〇℃から二〇℃以下まで急速に予冷して後、凍結室に移す二段冷却法がとられる。この結果、品質を著しく低下させるマイナス一～マイナス五℃の最大氷結晶生成帯を短時間で通過ができ、好ましい品質の冷凍食品を得られる。最近では加熱された惣菜類を真空冷却機に入れ、始めは弱い真空度から徐々に強い真空度に移して一次冷却。次いで冷蔵庫で一〇℃以下に冷却してチルド食品とする。

前述のブランチングした野菜の後処理も同じこと。直接に凍結工程にもっていかずに、冷水や冷風で五～一〇℃まで品温を低めるステップと、その後の凍結室での本冷凍とに分けて行なっている。

(2) 冷凍鯨肉の解凍など

人工衛星を打ち上げるときよりも、それを地球上に回収する技術の方がはるかにむずかしいそうだ。冷凍魚の解凍でも冷水につける方がよいか、あるいは湯につけた方がよいかと議論がなされたことさえある。

死後硬直を起こす前、または死後硬直中の鮮度高き鯨肉を凍結保管し、これを解凍した場合、多量のドリップを放出し急速な解凍硬直を起こす。これを防ぐにはマイナス二〇℃の低温から一段で解凍せずに、マイナス二～マイナス三℃の冷蔵室に数日間放置し、半解凍状態で死後硬直を徐々に起こさせ、その後で普通に解凍すればよく、二段空気解凍法と呼ばれる[5]。半凍結という特殊な状態での死後硬直、そして熟成を行なった結果は常温で死後硬直させた鯨肉よりも美味であるという。冷凍牛肉にも応用できるか。低温から常温に帰る途中、一時ある温度でならしを行なうこの手法は前述の潜水病対策の水深と温度を変えただけの、きわめて似かよった例として興味深い。

3. 処理をわけてみる手法

ライオンやヒョウなどの肉食動物は、腸が短いので草食は苦手である。そこで草食動物の内臓（半ば消化しかかっている草の栄養素や繊維質を含む）を好んで食べ、必要成分を摂取する。われわれ人類も同じで味噌、しょう油、納豆など、大豆をより消化しやすい形にして食べている。

食塩の害を減らした高たんぱく低食塩の味噌をつくるにも、無塩の条件でたんぱく分解酵素で分解した大豆を半熟成した従来の含塩味噌と同量混合した後、後熟して得る。また、でんぷんを分解して糖をつくる場合も、途中まで酸糖化して後、酵素糖化でしめくくるとの手法もある。大工が板を削るにも最初は電気カンナでラフに削り、最後は手カンナで仕上げを行なうのと同じといえよう。

食品の成形にしてもまたしかり。シューマイ、ギョウザや春巻の成形機の動作は一つの芸術と思える。計算された設計が、人手の動きをそれぞれ無駄なく機械による操作に変えてしまった。包あん機のごとく、包んだ食材から他の形へ変形させていく工程も興味深い。たとえば小判型の包あんものでも、まず包あんする。そして長く筒状に伸ばす。最後に上部からプレスして小判型ができあがるという順序を踏む。しかし、近年では機械装置が大型化し、細部の工程が見にくくなったことは学習の面から残念だ。

また、肉屋で売っているギョウザの皮は円形であり、人手で具を包むときはこの方が都合がよい。ところが成形機になると、人手以上に機械操作を能率化しなければならない。そこで、工程の順序を

〈人手法〉

皮材料→伸ばし→円形にカット→具を包む

〈機械法〉

皮材料→伸ばし→正方形にカット→具を包む→半円形にカット

の手法もあり、単に工程の分析による分割にとどまらず、従来の工程を見直して新しい創造へと発展している。なお、後者の方法では最終カットした時に生ずる皮片に具が付着するため、皮片の再利用がしにくいので、円型カット法の成形装置も開発された。

一方、びん詰めジュースのホモジナイザー処理の場合、稀薄なシラップそのものの均質化を行なうよりも、濃厚シラップを均質化して後に稀釈した方が結果的によい。ものごとには順序があるのだ。

4. 添加法をわけてみる手法

(1) スープ別添

昔のインスタントフライメンは、麺線に調味料をつけてから揚げる方式がほとんどであった。それがスープ別添になったのは、調味料を高温の油で揚げること自体、調味料の変質、変色を促進するなど好ましくない問題があり、その改善法にほかならない。その製法と食べ方は

〈調味ラーメン〉

麺線→蒸し→調味→揚げ→湯添加

〈スープ別添ラーメン〉

麺線→蒸し→揚げ（乾燥）→別添調味料の添加→湯添加

となり、製造調理操作が分割され、順序が少し変わっただけである。これからの加工技術も、従来の工程を分析して分けてみたり、あるいは並べかえてみるのも発展の一手法になろう。今日、主流のノンフライメンでもスープ別添がほとんどである。また、別添調味料の加え方でも粉末調味料は熱湯を注ぐ前に添加するのに対し、液体調味料は3分待って後に加える。このことは麺を湯戻しする時の湯温を低めない工夫といえよう。

また、焼き肉料理のたれでも――・生肉を予め漬けこんでおく〝もみだれ〟・焼いた肉をつけて食べる〝つけだれ〟――があり、両者の〝ダブルだれ〟方式で焼き肉がよりおいしくなる。焼いて乾いた調味肉表面の水分補給も兼ねた〝ウエット調味〟か。

化粧用クリームにかぶれやすい人は、油と水だけを乳化した単純で無刺激のクリームを塗り、香りの方は衣類に香水といった手法もある。

⑵ ソルビン酸

食品添加物保存料の中で、もっとも安全性が高いといわれるソルビン酸は、事実、使用許可対象食品の範囲も広い。このソルビン酸は水に難溶（〇・一六％）だが、ソルビン酸カリとなると六〇％以上も溶ける。保存力は解離したソルビン酸イオンの形でなく、ソルビン酸の形で食品に溶け込

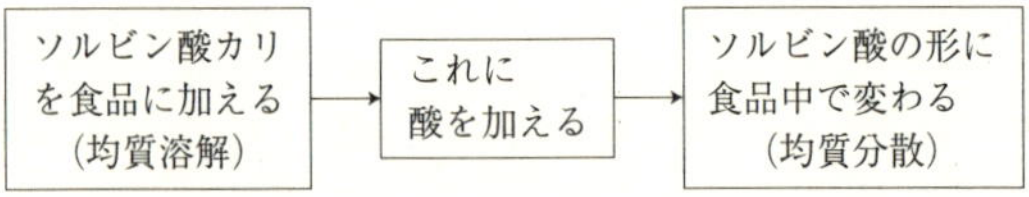

図 8.2

んでいるものが有効。そのため、図８・２のように、先ずは食品にソルビン酸カリ水溶液を加え、均質に混ぜあわせてから酸を加える二段添加法によりソルビン酸を食品中に、微細で均質に分散させ得る。

また、かまぼこ製造すりみにソルビン酸カリを混和し、成形、蒸し工程の後、稀薄の酸（たとえばリンゴ酸やクエン酸）溶液に浸漬する。これによりネトを生じやすいかまぼこ表面にソルビン酸ができ保存性を増すわけである。とくに上身に対して、この処理は有効に思える。

包装材にソルビン酸の二段処理を行なったというフィルムも販売されている。それはセロファンフィルムをソルビン酸カリ水溶液で処理し、次いで酸で戻してソルビン酸を生成させた白濁状フィルムである。フィルムから食品への保存料処理は、付着から拡散と蒸散性を利用した包材の内側から内容食品に添加するアイデアといえよう。

(3)　着色料など

現在、食品添加物指定の食用色素は、いずれも酸性染料といって酸性でタンパク質を染める色素である。そのため、食品成分の繊維質は染める能力はなく、着色したとみえても水洗いによって簡単に溶出してしまう。では、この条件での染着はどうすればよいだろうか？

食用色素にアルミニウム塩（たとえばミョウバン）を加えると、いくらか固定する傾向にある。この性質を利用して、まず色素で食品を染色し、次いでミョウバンを加え、弱いながらも固定する手法もとられる。色素のアルミニウムレーキ（色素とアルミニウム含有物が結合したもので水に難溶）は食品添加物としても指定されているものだが、添加法を色素とミョウバンに分けてみることで食品内で均質にレーキ化を行なえる。また、食品を染色した後、カルシウム塩やマグネシウム塩で二次処理することは、食品自体の表面組織を締めて、色素の溶出を押える効果もあろう。

もう一つの手法として、色素が染着しやすいたんぱく成分を食品に添加する方式もある。みつ豆用寒天をつくるとき、寒天の成分は色素に親和力がほとんどない。そこでタンパク質（染色しやすいカゼインナトリウムまたは卵白アルブミン）を寒天に添加することで、赤色トコロ天の製造によりよい結果を収めたという(6)。

第9章　食品における気体の利用（食品のガス処理）

食べものが腐敗しているかどうかの本能的な見わけ方は、まずそのにおいをかいでみるのが普通だ。これは食べものが腐ってできた分解物から蒸散する気体を、ガスクロ的な鼻で検知することにほかならない。また、家庭で使う燃料ガス（たとえば都市ガス）の洩れを早期発見しおそろしいガス中毒の事故を防ぐため、我慢できないほどの不快な悪臭を持つ揮発性物質をわざわざ都市ガスの中に加えることも行われている。さらに、その臭気を消費者に十分認識させる方法として、マイクロカプセル化した悪臭揮発性物質を加えたインキを使って、ガス洩れご用心のポスターを印刷する。そのポスターには、〝この絵の一部を爪先でこすり、ガスが洩れている時のにおいを覚えておいてください〟とあり、口ではなかなか説明できにくいにおい（それはガス洩れに通ずるにおい）を消費者に直接、身を持って教え、感じさせようとする試みもなされた。

ちょっと考えると、食品加工とガス（気体）との関係は縁が薄いように思えるかもしれないが、昔あったなぞなぞ方式で〝食品加工とかけてガス利用と解く。そのこころは〟と関連性を求めると意外に答えは多くでてくる。前記した腐敗臭の検知はほんの一例、眼に見えないガスのため、それを利用している人も、あるいはガスを使ってつくった食品を食べている人も、ただガスの恩恵を気づかない、否、気にしないだけであろう。それはちょうど、われわれが一時も休まずに空気を呼吸していることを忘れているように。

しかし、〝発展のはじめは観察にあり〟という意味からも、ここでは〝これからの食品加工技術〟の一手法になるようガス利用を見直してみたい。

1．常温での蒸散利用

季節を過ぎた衣類がしまってあるタンスの引出しや衣装箱の中をのぞいて見ると、ナフタリンやあるいはショウノウなどの防虫剤タブレットが入れてあるのが常識のようだ。また、海の塩風で錆びやすい鉄製の機械を外国から輸入したり、外国へ輸出したりする場合、ＶＰＩ（Vaper Phase Inhiviter）紙すなわち気相防錆剤で処理した紙で包装するか、あるいは包装内にＶＰＩ紙を入れて発錆を防いでいる。一方、ＤＤＶＰという油状の殺虫剤（家庭用のスプレー型殺虫剤の主成分でもある薬品）を塩化ビニルのようなプラスチックにねり込み、これをたんざく状に成型し、加熱硬化させた市販品を見かける。このものをハエの出る場所にただつるしておくだけで、殺虫成分が徐々に気化蒸散していき、ハエをバタバタ落とすことができる。ただ、あまり風通しのよいところでは効かないが。

液体や固体にも蒸気圧があり、表面近くはその物質の蒸気で覆われ充満している。ところがこれらの液体あるいは固体でも、蒸気になりやすいもの（換言すると気化しやすいもの）や、逆にしにくいものなどそれぞれ違う性質を持つ。前記した三例は比較的気化しやすいものであり、その上、特徴ある有益さを備えているからこそ、適した用途に使われているのであろう。加熱もせずに常温で自然に気化する物質を利用した食品加工技術も前記三例とメカニズムではまったくかわりがない。

(1) 蒸散による酸化防止

食品を乾燥すると、食品中の水分が抜けてしまうので、多孔質の骨格的なものが残り、表面積は極端に増す。いわゆるはだかの状態にストリップされ、外気の影響をモロに受け、酸化変質しやすくなる。とくに真空凍結乾燥食品の場合、水分を三％以下にも減らすのでいっそう酸化変質がはげしい。脱酸素剤の添加、真空包装や、窒素充填を行なうとかなりの効果がある。とはいえ、テクスチャーがあまりにも弱い内容食品に対しては、真空凍結乾燥による商品化はむずかしい場合が多い。

酸化防止剤を食品に添加して、それを凍結乾燥処理をするのも一法だが、揮散性の合成酸化防止剤では、水分と一緒に蒸発してロスになるが、不揮散性のビタミンEやビタミンCならば効果は現われよう。これに対し、前記ＶＰＩ紙と同じ発想で、比較的蒸散しやすい酸化防止剤のＢＨＡやＢＨＴを紙片に吸収させ、この気相抗酸化剤処理紙を乾燥食品入りの包装内に封入し、内容食品の変質防止を間接的に行なう手法が研究されている[1]。カロチンを使ったモデル実験ではかなりの成果が認められ、食品添加物の使い方の一法といえる。

(2) 蒸散による保存性向上

酒類やみりんに含まれているアルコール（エチルアルコール）が殺菌にも使えることは、注射する際の皮膚の消毒でおなじみのもので、誰しも知っている。このごろ、食品の保存性を高めるため、食品にアルコールをスプレーすることが多い。酒税法によれば、一％以上のアルコールを含む液状食品になると問題があるが、液状食品でなければこの限りにあらずとのこと。話は横道にそれるが、アルコール分一％以下のビールもどきの飲物が販売されたのも、この法律が原因であろう。最近では飲酒運転の取締りが厳しくなったことから、アルコール分1％以下のビールやワインに人気があるという。食品の場合、ペースト状や固体などであれば、アルコール分を一％以上も含んだとしても飲料ではないので、普通の食品と同じに取り扱ってよい（ただし、雑酒に当たる粉末酒は除く）。もっとも、奈良漬け一切れをつまんでも顔が真赤になる人もあり、道交法からの解釈は別であろうが。

アルコールに縁をもつ酒粕でつけた無包装の奈良漬けを販売店の店先に並べておくと、徐々に含有アルコール分は減っていく。このことは陳列している間に奈良漬け中のアルコールが、どんどん蒸散していくのを意味する。これを逆に考えれば、アルコール含有食品は常に周囲がアルコールで覆われていることになり、ちょうど地球を取り巻く空気層のような感じ、そして内容食品を外部か

図 9.1　ショートケーキの側面に貼る透明フィルムも手を汚さない効用だけでなしに水分蒸散防止

らの微生物の攻撃から守ってくれる煙幕的存在でもある。食品を包装してみるとわかるが、空気も一緒に抱きこんで入ってしまうことが多い。この場合、空気に接した食品表面は当然カビが生えやすく、そんなときにこそアルコール蒸気が有効に働くわけだ。もちろん、食品自体に溶け込んだアルコール分も防腐に役立つことはいうまでもない。

　鼻にツーンとくる強烈なにおいがする酢、それは主成分である酢酸の蒸気によるものである。酢の効用はサッパリした味つけのほか、殺菌と防腐作用も大きな意味を持っており、魚ならば酢のもの、ご飯ならば寿司というように多用されている。酢を用いた食品の場合も前記アルコールのメカニズムと同様、眼には見えないが、食品表面から蒸発したにおい（酢の有効成分である酢酸の蒸気）でできたガスカーテンにより、微生物浸入を防御する貢献度も大きいといえよう。

(3)　蒸散による乾燥防止

　家庭の冷蔵庫に生野菜を入れておくとき、野菜が乾燥してカサカサになるのを防ぐために、クレラップやサランラップなどのプラスチックフィルムで包むのが普通である。これが洋菓子店のショーケースになるとなお大変。生もののケーキ類の水分が蒸散して乾燥気味になったならば、ケーキのおいしさを特徴づけるシットリ味が減り、食感は著しく低下して店の信用をも傷つけることになろう。ショーケース内の乾燥防止剤として、その一隅に水の入ったコップを置いてあるのをよく見かける。しかし、これだけでは水の蒸発に関係する表面積があまりにも小さ過ぎるため、博物館の陳列ケースなどには水の入ったカップにガーゼを半分浸して水の蒸発を促進させた加湿手法もとるところもある。さらに、軽石のような多孔質の成形品をつくり、それに水を十分に吸収させた加湿器も市販されている。

プロピレングリコールやグリセリンのような保湿剤は、食品に直接添加して水分となじませ、食品の乾燥を抑制する行き方だが、ここに述べた加湿器のごとき方向性の逆な間接的乾燥防止法は、食品添加物に関係ない手法として興味深い。加うるに、湿剤添加と加湿器の組合せでケーキ類の品質保持に相乗的な期待も生まれてこよう。ショーケース中のケーキの経日による重量減少率を調べると、かなり数字は大きい。とくに、裸のケーキはアルミホイルやパラフィン紙でカット側面部を覆ったものよりも、減量スピードは速い。それゆえ、ショートケーキ一つの包装でも十分に計算したトータルな考え方で、少しでも品質保持ができるよう検討が望ましい（図９・１）。

2．気体の直接利用

洗濯会社の工場を見学すると、背広のシワ伸ばし作業が強く印象に残る。それは両手のついた袋に背広を着せて、その袋にスチームを送る方式である。袋が一瞬にふくれあがってパンパンになるに伴ない、背広のシワの方も一気に伸びきってしまう。このような気体圧を食品加工に結びつけた例として、青森県八戸でのイカ徳利の製法は抜群に興味あるアイデアといえよう[2]。イカの胴を利用したイカ徳利は、酒通へのお土産品として有名なものだが、徳利という容器であるからには胴部にふくらみを持たせて乾燥固化させねばならぬ。この手法として、木型や粟、小豆などをイカの胴体に充填する成形乾燥法もあるが、八戸では子供が遊びに使うゴム風船を応用する。このゴム風船を胴内に入れ、空気を吹きこみ、形を整えて開放部をヒモで結んで徳利型にして乾燥、その後、風船の空気を抜いて取り出すわけである。このようにゲリラ的な変わった例から、正規軍的な用途まで気体を直接利用している分野は広い。

(1)　殺虫、殺菌的な利用

一九七二年六月、バナナ、グレープフルーツなどの輸入果物が大量に荷揚げされる神戸港のくん蒸倉庫付近から、猛毒のシアンが港内にたれ流しされていた事件があり、大きな公害問題になった。このシアンとは有名な毒物、青酸カリの本体というべきもので、常温の二六℃で沸とうして気化する。このようなおそろしいガスも使いようで、カイガラムシやミバエなどの外来病害虫が輸入果物に付着し、国内に侵入するのを防ぐため、当時の植物防疫法で青酸ガスによる防除を義務づけていた。多量の果物を薬液浸漬や噴霧などの手数がかからず、また、ガスが果物表面だけを消毒し果物内部を痛める心配のないこと、そしてドライな状態で処理できることなど、気体処理のメリットは大きい。一くん蒸会社の後始末の手抜きによって起こした事件と、このメリットとは全くかかわりない問題といえよう。

コショウやナツメッグなど天然スパイス類の殺菌に、かつてはエチレンオキサイド（酸化エチレン）というガスで処理されていた。ただ、このガスは殺菌性も毒性も強く、また、ガス処理により新規な有害物生成のおそれもあり、現在では使用されていない。そこで、このガスと親類のプロピレンオキサイド（酸化プロピレン）という物質の利用が研究されたこともある。

両者の構造を略記すると図9・2のごとくなるが、前者が三角形に対し、後者は三角形の一辺が少しはみ出したに過ぎず、したがって、強弱こそあれ性質もよく似ている。しかし、なにごとも大きくなると動きがにぶくなるように、酸化エチレンより酸化プロピレンの方が反応性がわるく、それは微生物に対する反応性（イコール殺菌性）にも通ず。この殺菌性の問題だけならば、処理時間をながくすることで酸化プロピレンを使えるが、困るのは沸点の問題であり、常温処理ではどうしても殺菌後の残存はあり得る。そこで、食品を酸化プロピレンで殺菌した後、真空ポンプで減圧となし、蒸発しやすい環境をつくり、残留している酸化プロピレンガスの追出しをはかる二段処理法の実験も報告されている[3]。

ビールやコーラの発泡成分であり、清涼感を与える炭酸ガスは、昆虫に対して呼吸興奮作用を示す。現在、市販されている殺

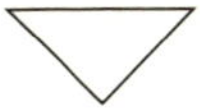

酸化エチレン（沸点は13℃）

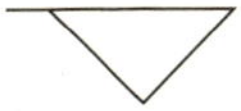

酸化プロピレン（沸点は35℃）

図 9.2

菌、殺虫用の酸化エチレンガスは炭酸ガスとの混合ガスのかたちにしてあるが、これは爆発を予防する安全面からのほか、昆虫らの呼吸を刺激し興奮させて、殺虫作用を高める意味も持つ。また炭酸ガス単独でも、パンの防カビに有効だという。そのため、パンを焼いた後、炭酸ガス雰囲気中で冷却し、パン内部に炭酸ガスを吸いこませる技術もある。

ガスの利用を一段と飛躍させて、高圧でガス処理する手法もおもしろい。コナダニの殺虫に加圧炭酸ガスを利用するわけだが、三〇℃×一五kg／cm²×三〇分の条件で完全に死滅できたとある[4]。ガスプラス圧力の相乗効果の利用といえる。

(2)　保蔵性の改善

乳幼児の粉ミルクかん詰めでは、かん内の空気を窒素に置き換え、経日による粉ミルクの変質を防ぐ方法が、古くから行なわれている。製パン材料の一つ、ショートニングは酸化されやすい油脂の塊のようなものだが、これ自体にも窒素ガスを吹き込んであり、安定性を高めてある。窒素と酸素はお互いに空気を形成する主役だが、その性質は大違い。窒素は不活性で、酸素のごとく簡単に反応しない。この性質をいかして包装内スペースの窒素置換は、食品の安定化にますます広範囲に利用されつつある。

貯蔵庫内の酸素や炭酸ガス濃度をかえて、果実やそ菜などの呼吸を抑制することで、ながく新鮮度の維持ができる。かように、空気と異なる組成の気体の雰囲気中で保蔵することをガス貯蔵、あるいはCA貯蔵（Controled Atomosphere Storage）と呼ばれる。果実やそ菜類は生きものであるため、当然呼吸をしており、その呼吸は低温で少なく、高温ではげしい。また、炭酸ガス濃度が高いと呼吸量は減少し、極端な場合は窒息死してしまう。それゆえ、炭酸ガス濃度や気温の管理により、貯蔵物に適した環境づくりが行なわれている。

植物の呼吸抑制とは違って、成長をうながすのがエチレンガスである。石油化学の基本物質でもあるこの気体は、熟した果実からも自然に発生する。青いバナナをムロに入れて、エチレンガスを一〇〇ｐｐｍぐらい吹き込むと、三日間で黄色の熟したバナナになるという。昔、カリフォルニアの果樹園では石油ストーブをたき、未熟なレモンを人為的に着色させたそうだが、この着色理由は不完全燃焼で生じたエチレンガスの働きによるらしい。逆にエチレンガスにより果実の保存性がわるくなる事例もあり、この場合はエチレンガス吸収剤を利用することもある。ともあれ、炭酸ガスあるいはエチレンガスなどの各種気体を用い、適切な条件（たとえばガス組成、添加時期、温度および時間）で処理して、植物の成長を自由にコントロールできることも夢物語ではなくなりつつある。

(3) 食品の改質

みがきニシン特有の風味は、乾燥の間空気にさらされて酸化した魚油の過酸化物の味だという。
また、挽きたての小麦粉では、よいパンをつくれない。そのため、小麦粉を倉庫内で二週間から二ヵ月も貯蔵し、二次加工適性を向上させる熟成（エージング）という処理を行なう。この期間中、倉庫内の酸素により小麦粉は酸化されて、酵素作用が減り、また、パン生地をダレさせる還元物質（たとえばシスチンやグルタチオンなど）の作用を弱めることになる。これらの二例はいずれも空気（酸素）が関係しており、知らない間に食品改質に貢献している気体反応といえよう。

一方、昔から信州や紀州の高冷地での名産、凍豆腐（高野豆腐）は、当地で昼夜の気温差を利用した冬場の製品であったが、昨今は冷凍機が普及して季節にかかわりなく、マスプロ化されている。凍豆腐は豆乳をカルシウムで固めて、それを冷凍変性させたスポンジ組織を持つものだ。そして、原料が大豆ゆえ、できた製品も植物性たんぱくが主成分となる。一度タンパク質を変性させると、なかなか元の状態に戻りにくいことは周囲だがこの凍豆腐はわざわざ凍結させてつくった変性食品ゆえ、なおさら水となじみがわるく、湯を加えてもフックラしたスポンジ状に復元しがたい。一般に、タンパク質はアルカリ（たとえば重曹＝重炭酸ナトリウム）によりソフト化しやすい性質を持つが、角張って乾燥してある凍豆腐にどうやって粉末の重曹を均一に混ぜることができようか？重曹を水に溶かして噴霧したならば凍豆腐が濡れるため再乾燥が必要となるし、はじめから重曹液を加えておくと保水性が高まり、分離や乾燥も容易でなくなる。そうかといって、重曹別添の凍豆腐は取り扱いの手数から好まれないなどの問題がある。

そこで、食品に使用可能な唯一のアルカリ性ガスであるアンモニアを活用することになる。仕上げ工程の凍豆腐を密封した部屋に入れ、アンモニアを吹き込み吸収させる作業、すなわち膨軟加工を行なうわけだ。この作業で凍豆腐は、いわゆるドライタッチのアルカリ処理を受けることになり、多孔性の製品の隅々までアンモニアガスが接触し均一に吸収されるため抜群の復元性を持ってくる。加うるにカビ発生や油焼けの防止にも効果ありという。水が浸みこむよりも、分子が小さい気体の方が食品にずっと浸透しやすく、また、ドライ方式で処理できることも気体利用の魅力だ。もっとも今日ではアンモニアガスの匂いを気にする消費者が多くなり、湯戻し能は劣るが、重曹方式に変わっている。

アルカリ性ガスの代表、アンモニアに対し、酸性ガスでは塩酸ガスがあり、食品加工に多い固―液、液―液などの反応形態から、固―気の相反応は次元の進んだ処理として今後の応用に期待したい。

(4) その他

食品工場内に外からハエやゴミが入らないように、エアー・カーテンは重宝している。また、冷凍庫内の冷気を外部に逃さないため、逆に冷蔵庫内に外の熱気が入らないためにも、そして作業員の通行自由であり、空気の流れを巧みに使った気体壁ともいえよう。

風力をコンベアがわりに利用し、輸送手段にする方法、あるいはギュウヒを塩漬けの梅の葉で包む菓子をつくる機械化に風力をもってソフトにラップする方法や厚いポリ袋を一枚ずつ取り上げ開かせるのに風力や真空力が使われている。

第一次世界大戦に毒ガスとして使われた黄色い気体の塩素は、今や飲料水の殺菌消毒になくてはならぬ平和的な用途にかわった。一方、この塩素ガスは貝や海藻の駆除にも有効だ。それは火力発電所の冷却系統の復水器やパイプに前記の生物が付着しやすく、この抑制法として塩素注入が行なわれている。

3．加熱によるガス利用

蚊取り線香に火をつけると、蚊を飛行不能にするガスが発生するので、刺される心配なしにグッスリと安眠できる。ハムのくん煙処理においても、堅木をむし焼きにして生じた煙により特徴ある風味をハムに付与し、さらに煙中に含まれるフェノール、アルデヒドなどの防腐成分によって保存性も向上する。このくん煙中には多種多様の物質が存在し、ベンツピレンのごとき発ガン性をもつものさえ含むという。くん煙を冷却採取したくん液では、スチーム処理で発ガン性物質を除いた製品もあるが、可能ならばくん煙すなわち気体の状態での脱ベンツピレンする方が香りのバランスを失わない点で望ましく思える。

カンピョウの場合、漂白と防虫を兼ねて硫黄くん蒸が行なわれる。硫黄を燃やすと、公害問題で有名となった亜硫酸ガス（SO_2）が生成するが、このガスは硫黄を含む温泉（たとえば山形県蔵王や群馬県草津）で感じるあの臭気に含まれる。カンピョウの乾燥時に雨にあたったり、雨天が続くと微生物の繁殖が盛んになり腐敗するので、このガス処理が普及している。また、リンゴの乾燥貯蔵中の褐変防止に、そして、干しアンズの製造にも利用されている。

加熱の媒体に水蒸気や空気を使うことも多い。湯でゆでるのと違って、食品のエキス分の流出も少なく、形もくずれず水も吸収しないなど特徴があらわれる。逆に冷えた空気を送れば、エアーブラストの冷凍庫にも使える。かように気体を暖めたり、冷やしたり、流動させたり、あるいは吸着させたりするなど、それぞれの気体の特性をいかした使い方をしてみると、目的に対してなんらかの解決策を見出すこともできよう。

4．分解ガスの利用など

パンやまんじゅうをふくらますのに、ベーキング・パウダーを添加する。この分解により生じた炭酸ガスは、細かに食品中に分散され、フックラした食感を持つテクスチャーを形成する。分解ガスの利用のような間接的手法ではなく、炭酸ガスを直接、パン生地に吹き込む方法もとられるという。また、空気を魚肉すりみに抱きこました水産ねり製品のハンペン、そして、冷菓ではアイスクリームなどは、気体が食品の構成上に重要な位置を占めている。このようなガス含有食品の製造には、いかに安定な状態の製品を得るかのレシピ面、機械面などからの工夫が大切といえる。

5・霧状化液体の利用

衣服のアイロン掛けの前処理として、"霧吹き"で水をミストにして吹き掛けるような、処理法がある。たとえば前出の"食品へのアルコールスプレー"を始め、工場内の湿度調整などに利用される。

最近の花粉症対策の吸入器も同じ考え方で、口や鼻を通して、のどや鼻の中を洗浄加湿するのに用いる手法だ。特に超音波方式では、液体の加熱を必要とせず、超音波の振動で微細な粒子としてスプレーできるので有利。一見、ドライ風なので、食品に対して、また、工場施設に対しても処理しやすい。"液体のガス化（？）"として、活用分野も広がりそうである。それは、液体を気体の状態に変えることで、気体の有利さを生かせばよい。

第10章　固形化の利用（なんでも固めてみては？）

地震で石油タンクにひびが入ったり、町なかでタンクローリーが衝突横転し、多量の石油やガソリンが流れ出して大爆発を起こす……こんなおそろしい事故は石油の需要がふえ、輸送や貯蔵量の単位が大きくなるに従い、発生する危険度はますます高まってくる。〝火事は早いうちに始末しろ〟とは消火の原則だが、流れだしたガソリンを瞬間的に固めその拡がりを抑えてしまうことができれば、消火作業がグーンと楽になる。

石油やガソリンを固めるゼリー化剤として、従来から金属石けん類（たとえばカルシウム石けんなど）が、戦争目的ではナパーム弾、平和目的ではハイキング用固形燃料に使われてきた。しかし、ガソリンに限らずどんな液体でも固めてしまおうと、二種類の原料（この両者とも偶然にも食品添加物に指定されている）すなわち

(a)　D─ソルビット……保湿性を増して乾燥を防ぎ、なじみをよくして食品に〝コク〟を与え、あるいはスケトウタラの冷凍すりみに添加して冷凍変性を抑えるなど、広く利用されている添加物。

(b)　ベンズアルデヒド……苦扁桃油の芳香成分で、あめ、キャンデー、洋酒、清涼飲料水等々に

加える一般的な香料。

を反応させてつくった白色粉末状のゼリー化剤（ジベンザルソルビット……このものは食品添加物でない）がかなり以前に開発された。この粉末を特殊な液体に溶かし、消火器に詰め、ガソリンに吹きつけるとたちまちこれをゼリー化するため、スコップですくって除去できるとのこと。さらに、灯油に〇・一～〇・五％のゼリー化剤を加熱溶解すればようかん状の固形灯油となり、石油ストーブの芯は不要。仮りに転倒しても、灯油は流出しないから安全だという。一方、製紙工場から出る問題の公害源、ヘドロに一〇ＰＰｍほど加えることで、ヘドロ中に含まれたセルロース分（繊維質）を凝集して分離をよくするなど、このゼリー化剤の用途は広い。

歯の治療から大きなビルディングの建設にまでなくてはならないセメントもそうだ。スラリー状のものを枠に流し込んで固化させる……〝水は方円の器に従う〟という通り、液体の流動性を十分に活用して後、固めることに有利なケースは多い。食品工業においてもしかり。我々の身の回りでも気がつかない固形化の利用がある。ここでは、液状の食品や食資材を固めるについてのメリットや、どうやって固めるかの手法など、あわせて考えたみたい。

1．温度や圧力を変えての固形化

水を〇℃以下に冷却すると氷になり、固形化する。液の状態（たとえばジュース状）で摂取すれば、口にふくんでグッと飲みこむときの旨さが身上。これを氷結した場合（シャーベット状）になるとサクサク食べるときの旨さを感じ取り、その摂取感は全く変わったものになってしまう。もちろんジュースとシャーベットではそれぞれの性質に差があり、その影響も少なくない。しかし、やはり本命はテクスチャーで、ストロー使用とスプーン使用の違いに相当していよう。〝歯ごたえのない食品では食べた気がしない〟という向きには、なんらかの方法で固形化する必要があろう。

一般に、食品は冷凍によって品質の経日変化を遅延させることができる。低温の環境は衛生面の最大の敵〝微生物〟自身をこごえさせてその動きをにぶらせる。が、それにしても、微生物を取り巻く媒体の水分が凍結し、流動性を喪失した氷に変わり、堅固で微細な檻ともいえる氷結晶組織に包囲されてしまっては、さしもの微生物もがんじがらめで動きようもない。

見かけ上は同じ氷でも、〇℃の氷もあればそれよりはるかに冷えたマイナス五〇℃の硬くしまった氷もある。氷塊ということばからも、氷はすべて完全に固定したものと考えたくなるが、実は大違い。氷結晶の表面では水に戻ったり氷に変わったりして、液体の水と固体の氷の間をくり返し往復しているものだ。そのため、氷自体を細かに考えれば、常に流動や変化が連続して起きている不安定な状態にある。ただ、温度の低い氷ほどこれらの変化が少ない。冷凍食品の保蔵温度をマイナス一八℃（〇度F……食塩を用いた寒剤で冷やした最低の温度）以下にせよとの国際的な規定があるのも、品質低下因子を身動きさせないほど強固な氷結状態を維持するためであり、これが冷凍食品の品質保持に通ずるわけだ。

〝〇℃の水と〇℃の氷とでは、どちらの方が冷却力が大きいのか？〟そのような固―液変化の問題が理科のテストに出やすい。両者とも同じ温度の〇℃だか、固体の氷が液体の水に変わるときかなりの融解熱を吸収するので、氷の冷却力の方がはるかにすぐれる。氷のつくり方から考えても、まず常温の水を冷却すれば〇℃の水になり、これをさらに冷やして〇℃の氷に変えるわけだ。冷却力から計算してみると、〇℃の氷は約マイナス八〇℃の水に相当すると考えてよい。この点からも、水の固形化は氷という〝相〟変化を生じ、冷却力のストックとしての意義は大きい。

海水から真水を得るには、普通は海水を加熱して水分を蒸発させ分離することで食塩とにがり（苦汁）などにわけている。これに対し、南氷洋や北洋の海氷を分析してみると塩分を含まない純粋なものであるとのこと。この自然現象を食品工業に応用した処理が凍結濃縮法になる。すなわち、とくにフレーバーを大切にする果汁や醸造酢を濃縮してコンク品をつくる場合、常圧はもちろん、真空にしても、蒸気のかたちで水分を追い出す方法は好ましくない。なぜならば、水分と一緒に本命のフレーバーまでが蒸散し失われてしまうからだ。こんなときこそ液状食品を冷却し、そのなかに含まれる水分を純粋の氷結晶化、ろ過分離といきたい。芳香成分は加熱によって変質するケースも多いが、そういう心配を皆無にさせるよう、凍結濃縮法はこれにこたえてくれる手法である。

果汁の濃縮法を図示してみると、図10・1のようになる。目的物質の濃縮果汁を得るため（すなわち、水分を除去するため）、一方は加熱して水分を気化させて除き、他方は冷却して水分を固形化させて除去するとの熱冷全く正反対のコースがとれることを図10・1から読み取れよう。ただし、目的物質の純度、操作の経済性その他を考慮して合理的な手法を選ばなければならない。

料理屋で、サラダを盛り合わせる皿に氷鉢を使うところがある。この氷鉢、大小二つの容器を用いた型の間に水を入れ、凍結させて作るか、あるいは氷塊をのみで削って作る方法もある。氷皿に入れられたサラダは、見た目のフレッシュ感と、品温が低いことによる口当たりの良さ等等、格別のおいしさを感じる。一般常識だけからだと、氷はすぐに溶けるものと割り切ってしまい、その考えの枠を出ないが、水の固形物の氷を一つの素材に考え、容器として料理の品温上昇を防ぐ意味を兼ねた利用法はおもしろい。

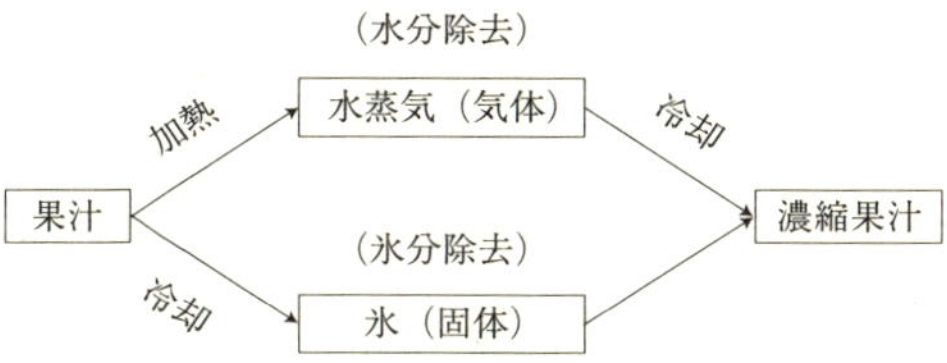

図 10.1　果汁の熱・冷濃縮の二法

液体ではないが、粉末を型に入れ、圧力をかけてタブレット化する手法は、医薬品の製剤に多用されている。このメリットは、

(a)　医者が患者に薬を飲むＴＰＯを指示しやすい。
(b)　大きさ、形、色調など、それぞれ違ったタブレットで、患者の誤用を防ぐ。
(c)　一気に飲み込めて、粉剤より服用しやすい。
(d)　取り扱いも簡単。

等々があげられる。

食品添加物の場合でも、それを使用する場所は目が回るほど忙しい食品製造工場ゆえ、添加物の秤量に誤りがあったならば一大事となる。ましてや、湿気を吸いやすく、ベトベトして秤量しにくい添加物、また、工場内の水蒸気で錆びつき著しく感度不良になった自動秤など使用しなくても済むよう、食品添加物やその製剤の計量単位としてタブレット化も考えられるのではないか。ただし、固めたあまり、食品中への均質分散が悪くならないような工夫は必要だ。

2. 吸着、吸収による固形化

フウフウいってあついそばをたべる。いつのま間にか額に汗が吹き出してくる。それをハンカチでぬぐう……こういう経験はだれでもがする食事の一コマだが、汗（液体）をハンカチに吸収させて液体としての性質をなくすことも、ここでは一種の固形化に含めよう。食品関係でも、液体を粉末にしたり、あるいは一見したところの固体（？）にして特徴を持たす場合も多々ある。

(1) 吸収体が加工食品の場合

風呂場でスポンジに石けんを一度つければ、ゴシゴシとからだ全体を洗うことも可能だ。これはスポンジの微細な気泡部分が石けん液をタップリ吸収して、石けん液がスポンジという固体に変形したともいえよう。しかし、スポンジは単なる骨組の役目で、石けん液を支えているに過ぎない。

この吸収体が加工食品というケースもある。その代表例として、信州や岐阜の寒冷地の名産になっている凍豆腐や、東北の焼きイボ（ボタンともいわれる）付きの焼きちくわがあげられよう。前者の凍豆腐は、豆腐を凍結してたんぱく変性を起こさせ、その後で乾燥した食品だ。後者の焼きちくわは、原料魚を一晩も水に漬けておき、その鮮度を故意に低下させ（これも一種のたんぱく変性）、わざわざテクスチャーをボソボソにさせた水産ねり製品である。両者ともいわゆるスポンジ構造なので、吸水性はきわめて大きい。そのもの自身、非常に美味であるとはお世辞にもいえないが、要は調味液を吸収して固形化（？）する点に価値がある。〝おでん〟は汁を食べるものといわれるが、ゴトゴトと長時間煮込んでタップリとおいしい汁を吸収した〝おでん種〟、とくに焼きちくわやガンモなどから、汁の固形化手法の醍醐味をこれまたタップリと味わせてくれよう。

大きい貝殻を背負って海底をノコノコと歩くヤドカリは、なかなか愛嬌のある動物だ。このヤドカリ、名前の通りの借家住まいで、自分に合った貝殻を探し、成長とともに貝殻の交換もする。かような〝ヤドカリ理論〟が食品加工にも利用されつつある。

今日では捕鯨規制のため、鯨肉は貴重な存在で高価になってしまったが、かつては牛肉より安価（約1/3）の時代があった。その時点では漁獲した鯨肉の付加価値をいかに高めるかが大切なこと。そもそも鯨肉には特有のにおいがある。そこで〝鯨肉の牛肉化〟の方法が研究されたわけだが、その手法としてエキス交換法がある。すなわち、鯨肉から特有なにおいの原因になる脂肪分を真空状態にして抜き去り、筋肉質だけにして、そこに牛肉のにおいと味のエキスを加熱、圧縮注入するという。[1] 従来は、大豆や小麦の植物たんぱくを組織状にし、いわゆる新たんぱく食品として肉の代用品をつくる方向に限られていた。が、肉自身の価値をレベルアップするために、同じ動物系の筋肉組織の骨組だけを利用してエキス分を交換する手法は、これからの加工技術による別方向の進め方として興味深い。

(2)　吸収体が粉末の場合

家庭用の冷蔵庫にヤシガラ活性炭を入れて、庫内の臭気を吸収除去している。これは防毒マスクのなかに活性炭を入れるのと同様、ガス（気体）の固形化である。食品添加物にも指定されている水酸化ナトリウム（カ性ソーダ）は、空気中の炭酸ガスを吸収し、みずからは炭酸ナトリウム（洗濯ソーダと同じ）になる。この性質を利用し、水酸化ナトリウムを潜水艦に積み込んで脱炭酸ガスを行なうが、これは化学反応によるガスの固形化といえよう。また、シリカゲルのような乾燥剤も湿気（水蒸気）を固めることにほかならない。

液体を吸収する粒体も多い。たとえば

(a)　でんぷん
(b)　たんぱく（小麦および大豆たんぱく）
(c)　マイクロクリスタルセルロース（微結晶セルロース）
(d)　繊維素グリコール酸カルシウム（カルシウム―ＣＭＣ）

などがあげられる。

吸湿性の強い粘着物質のスプレードライを行なうとき、担体としてでんぷんを使うケースもあり、また、くん液をでんぷんに吸収させてくん煙の粉状製品をつくることもできる。この場合、図10・2のように、製造手順に従ってリレー式に形状を変えていく。

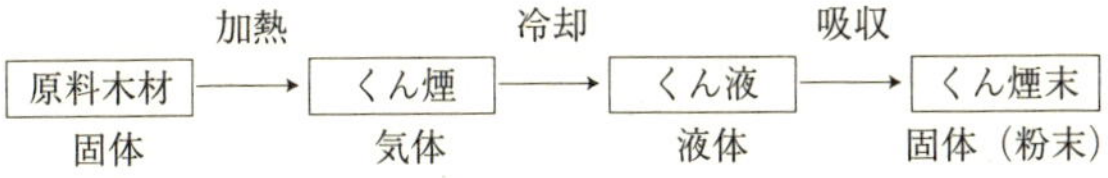

図 10.2　くん煙の液化と固形化

粉末が液体を吸収した際の体積膨張の活用例もある。それはタブレットの崩壊剤で、製錠の配合材料中に微結晶セルロースやカルシウム—CMCを加えて打ち抜く。このタブレットを水中に投ずると、錠剤中に均質に混和されたカルシウム—CMCは徐々に水を吸い、体積膨張を起こす。この膨潤圧は非常に大きいもので、タブレット組織を完全に破壊する崩壊剤として働くわけだ。

(3)　吸収体が紙の場合

ポトリと落ちたインキを吸い取り紙に吸わせる……このような紙による固形化も行なわれる。たとえば香水を紙に吸収させた香粧紙、酸化防止剤のBHA（ブチルヒドロキシアニソール）をアルコールに溶かして紙に浸し、それを乾燥した気相抗酸化紙もあった。一方、前記したタブレット一個一個の計量単位化と同様、極微量の物質を添加する場合、一定濃度を吸着乾燥させた紙片を何平方センチ加えればよいかという、面積による計量単位にもなり得よう。食品添加物にはいつ、どこで、どういうふうに、との添加TPOが大切なため、ペーパー添加方式にメリットがあるケースも考えられ、現にかん詰めへの利用がテストされている。余談となるが、幻覚剤LSDをパリから日本に持ち込もうと、紙にLSDをしみこませる手法を使い、摘発された例もある。

3. 結晶化による固形化

液状物質をある種の化学物質に付加物の形で結びつけ、固型化することも行なわれる。このとき、液状物質が水であれば結晶水となり、一般的のものである。

(1) 結晶水を持つ付加物

昔からナスの漬物用発色剤として使われているミョウバンは、その結晶のなかに水分を四五・六%も、また、食品添加物のリン酸三ナトリウム（結晶）も水分を五六・九%も含んでいる。こうなるとどちらが主成分だかわからなくなるくらい。そのため、このような多結晶水物質を加熱すれば、自分の結晶水に溶けてしまう現象が見られる。よくもこう多量の水分を支える力があるものだと感心する。結晶水のかたちで水の固形化は、多くの化学物質によりなされ、食品添加物においても同様である。

そのため、結晶水を持つ物質を吸湿しやすい天然調味料などに混和すると、前者の結晶水を後者が湿気として吸収し、ベトベト状になり始末がわるい。逆に、加熱して結晶水を除いた配合材料を使って混和製剤をつくってみると、配合成分同士で水の授受を起こさないことはもちろん、脱結晶水した物質が乾燥剤としても働くので、製剤の安定性を著しく高めることができる。ともあれ、配合製剤をつくる場合は、各成分の性質を十分に調べてからにするべきだろう。

(2) 結晶水以外の付加物

結晶水と同じように、漂白殺菌剤の過酸化水素（H_2O_2）と（H_2O）と構造が似ているためかよく付加物をつくる。たとえばピロリン酸ナトリウムには

水ならば　　　　一〇分子（四〇％）

過酸化水素ならば　二分子（一三％）

も付く。過酸化水素は家庭用消毒剤オキシドールとして約三％水溶液、業務用としては三五％アップの水溶液が一般的だが、固形化した上記物質の方が使いやすいとのケースも少なくない。また、母体のピロリン酸ナトリウム自身が過酸化水素の安定剤である点からも、相乗性があらわれよう。この他、過酸化水素はリン酸二ナトリウムや炭酸ナトリウムなどとも付加物を形成する。

「粉末すしの素」の主成分に、酢酸-酢酸ナトリウムの付加物が使われることもある。液体の酢と違って、水分を持たないから、わざわざ「すし」用にかためのご飯をたく必要がないため、家庭で

は便利がられている。氷酢酸は一風変わった酸で、溶剤としてもすぐれ、また、いろいろ塩類と付加物を形成し固型化しやすい。品質改良剤の縮合リン酸塩や正リン酸塩、調味料のグルタミン酸ナトリウム、保存料のプロピオン酸ナトリウムなどとも付加物をつくって、粉末状に変身している。

収れん味が強い酸味料の乳酸の場合も同様、乳酸カルシウムに付加させることができる。付加物ではないが、乳酸を真空濃縮して脱水縮合を行ない、ラクチドや縮合乳酸の形で固形化（粉末化）することも、インスタント飲料の酸剤として期待されている。

含アルコール粉末をつくるにも乳糖の結晶水をアルコールで置換して固める方法があるという[2]。

酒税法では、

(a)　アルコール度1％以下の飲料、および食塩をある濃度以上含む発酵調味料

(b)　アルコールを含んでも飲料（液体）でないもの。（ただし、雑酒にある粉末酒は除く）

などは対象にならない点、固型化のメリットは妙なところにも出てきそうである。

4．ゼリー化剤による固形化

前記したゼリー化剤ジベンザルソルビットと同じメカニズムで、食品加工に寒天、カラギナン、ゼラチン、卵白などが用いられる。いずれも少量添加で多量の液体をゼリー化することができる。しかし、ゼリー状のものは経日によりぜりーの骨組が痛んだり、圧力によりドリップを生ずる欠点

がある。そこで、液体を一度ゼリー化してから、それをコーティングしてゼリーの安定性を増す二段処理的な手法も試みられている。

5．その他の固形化

漬けものに適した重石が見つからないとき、水を入れたポリ袋かバケツを使えばこと足りる。ものを固めると便利だといっても、別にそのもの自体を無理して固める必要がない場合も多い。ティー・バッグをはじめ、ばらばらした食品を袋に詰め、取り扱いやすくすることも商品的に見て一つの固形化と考えられよう。なぜ固めなければならないのだろうか、その目的にかなうようにするにはどんな固め方が合理的だろうかと、そのようなＴＰＯ的な思考は食品加工のどんな操作にも望まれるのではないか。

その他、酵素を不溶化させカラムに詰め、そのなかに基質溶液を流して連続反応を行なわせる。また、不溶性化したグルコースオキシダーゼとパーオキシダーゼを容器の裏側につけることで、マヨネーズの分解悪変の防止、あるいはマイクロカプセルを利用して液体をサラサラした粉末化にする等々、固形化技術とその応用に今後の発展を期待したい。

第11章　併用のメリット（一緒に加える方法）

十分に冷やしたスイカは、真夏の果物として最高の魅力である。が、このスイカを食べるとき、少量の食塩をパッパッと振りかけることを忘れると、それが持つ甘味をひき出せないし、また、おいしさを完全にいかし得ない。一方、ゴマと食塩とは〝ゴマ塩〟という名もあるほどその関係は深い。明度の相反する黒と白のコントラストは、味の面からもまとまりをみせている。

真赤でピリッと刺激の強い唐辛子にゴマ、さんしょう、けし、菜種、麻の実、陳皮などを混ぜた七味唐辛子は、わが国独特の混合香辛料である。これをうどんやそば、あるいはみそ汁に振りかけることで、その風味をグーンとひきたて、パンチの効いた味に持っていく。カレー粉でもそうだ。ペッパー、唐辛子、ジンジャー、肉桂、メース、クミン等々、数十種のスパイスを混ぜあわせた総合スパイスがカレー粉であり、独特のから味や香りをつくり出している。

1＋1＝2という簡単な足し算は、小学校の始めに教える算数だが、この答えを2ではなく、それ以上の3や4にするのも現実社会では可能である（ただし算数と異る次元での話だが……）。個人の力には限界があって知れたもの。ところが二人、三人と集団にまで発展していくと、いろいろの才能を持ったそれぞれの個人が組織的に力を合わせることができ大きな利益を生み出す会社組織が成り立つ。

かような概念で、一種類だけではなく二種類以上のものを合わせて使う……これが併用であり、その結果生まれた効果が併用効果である。一般に、併用することで前向きの効きめ、とくに各成分の効果を合算した値より大きなものになった場合、これを相乗効果と呼ぶ。

それとは逆に、普通の会社のなかにも妙に同僚の足を引っぱるような社員、全く話にならない自分勝手な上役、あるいは簡単に済むことでも馬鹿にむずかしく考え、もっともらしくするヒマで無見識の重役、そういう類の人物をときおり見かけることがある。この場合は、併用の力が全く発揮されず、相乗どころか相殺されたかたちで、1＋1が2に達せられず、ことと次第では0やマイナスにさえなる。

食品工業の分野にも、併用発想はあらゆるところに活用されている。スコッチウィスキーで有名な『ジョニ黒』こと『ジョニーウォーカー黒ラベル』もスコットランドの四地方の酒のブレンデッドといわれる。十九世紀半ばに創業者のジョン・ウォーカーが紅茶のブレンド効果にヒントを得て、ウィスキーに応用したのが始まりとのこと。他の分野のアイデアからの発展である。ここで断っておきたいのは、併用による相乗効果の出現は決して神がかりなものではなくそれには必ず理由がある。それぞれの各成分が各自の持ち味をフルにいかした総合力で目的に向かって進むわけ。そういうわけで、予想以上の成果があがったとしても驚くことはない。なぜ併用効果が出たのかと、理由を追究していき、それを〝これからの食品加工技術〟の発展に役立つよう方向づければよいのではないか。

1．併用の技術的メリット

(1) 調味料関係

化学調味料の代表、グルタミン酸ナトリウムは、昆布の味といわれる。事実、明治四十一年（一九〇八年）に池田菊苗博士は、だし昆布のうま味の本体がなにものであるかと科学のメスを入れ、昆布一〇貫目（三七・五キログラム）から三〇グラム（約〇・一％）のグルタミン酸ナトリウムを得たとのこと。それが、今日では発酵技術の進歩により、かつての貴重品から庶民の味に変わっている。

しかし、昆布の味がすべてグルタミン酸ナトリウムによるものではない。昆布の成分には各種アミノ酸のほか、多彩の呈味物質群があり、これらがバランスよくまとまって、特有の昆布味をつくるのである。一般に化学調味料は、既存の食品に少量添加することでその味にアクセントをつけるもの。化学調味料だけで調味が万事ＯＫというわけにはいかない。食品が持つ味のベースのひきたて役であり、併用による効果をいかすわけである。

昔から〝しいたけ昆布〟の佃煮があるように昆布としいたけの味は仲良く合っている。また、だし汁をとるときのかつおぶしと昆布ともよく合う。このしいたけのうまみ成分（グアニル酸）も、かつおぶしのうまみ成分（イノシン酸）も、ともに核酸系調味料の範ちゅうに入り、化学構造は非常によく似ている。両者とも、昆布のうまみ成分であるグルタミン酸ナトリウムと併用すると、うまみを一段と高めるので、これらの配合製剤が複合調味料の名で広く販売されている。

単一のアミノ酸や核酸系調味料だけでは、味に重みがつかない。その点を改善するため、動物性の肉エキス、加水分解タイプの植物性エキス、あるいは酵母エキスなどの天然調味ベースの併用も目立つ。これら天然調味料は、食品の味にコクづけし、味のベースをレベル・アップさせている。ともあれ、味は総合されてできるもの。たとえば、ある調理加工食品の味つけをしたとする。いろいろな調味づけをしても、どうにも満足できない。塩味がいくぶん薄そうだということで、ほんのわずかの塩を加えてみる。すると、塩味が効くと同時に、すでに加えた調味料の味が急にいかされ、グーンとおいしくなることはよく経験するところだ。

そのほか、コーヒー豆、たばこ、お茶そしてウイスキー等々、ブレンドによって各成分の長所をいかし、短所を補い、あるいは品質のコントロールをするなど併用効果に期待すること、今後も大となろう。

⑵　甘味料関係

砂糖の五百倍のあまみを持つといわれるサッカリンは、ノン・シュガーの甘味料としての価値は大きいが、なめた後に残るにがみはいただけない。前述のグルタミン酸ナトリウムは、このにがみをカバーしてくれる力を持つので、いわゆる甘味料製剤の一成分として併用されたこともある。この場合、好ましくない味を消すのだから、苦味の消去作用ということになる。

いやな悪臭を消すための消臭剤として、その臭気を強いかおりで覆ってかくし、臭気を感じさせない方法（たとえば一滴消臭方式）や、悪臭分子を消臭剤と化学反応させ無臭の物質に変えてしまう手法、また、悪臭を吸着させるやりかた等々あるが、味においても大略同じことがいえるのではなかろうか。なめてから後までずっと尾を引くグルタミン酸ナトリウムの呈味性が、サッカリンのにがみを覆って、よい意味で舌の感度をごまかすものと考えられよう。これはサッカリンだけではなく、ステビオサイトのような天然高甘味料の場合でもいえる。

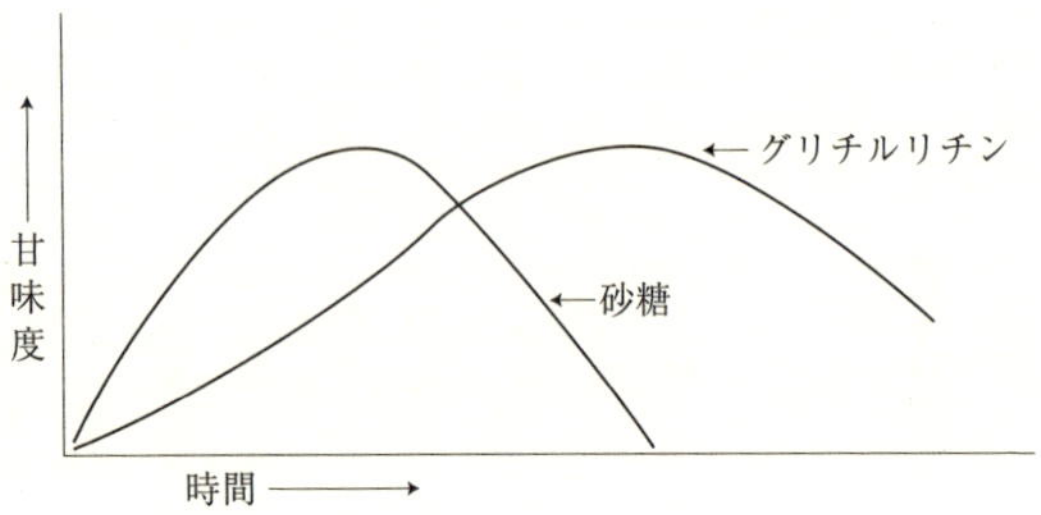

図 11.1　砂糖 8%に対応する甘味曲線

漢方の緩和薬である甘草、そのエキス成分グリチルリチンは、天然甘味料として加工食品に利用されている。その甘さは砂糖の二百倍ともいわれ、図11・1に示すように、甘味度の出現にタイム・ラグがある。この現象は、甘味をひきを延ばし、また、漬けものやしょうゆなど塩度の高い食品には塩からさをカバーして塩なれさせることもできる。各種甘味料の組み合わせはちょうど絵の具を混ぜあわすときのように、甘味度―時間曲線などそれぞれの甘味料の性質を十分に把握し、特徴をいかした併用が望まれよう。

小豆でお汁粉をつくるとき、甘味に砂糖を入れることは当然だが、ほんの少量の塩を加えることで甘味をひきたてる。たとえば、一五％の砂糖液に〇・〇一％の塩を加えれば、甘味がより強く感じるという。ちょっと考えると、砂糖と塩の味は甘と辛であり、相反するように思える。しかし、逆の味を加える手法は砂糖―塩の場合だけにとどまらず、いろいろの食品の味つけに一度はテストしてみたい併用手法ではあるまいか。

(3)　酸味料およびアルカリ剤関係

pHでいえば低いものと高いもの、これが酸またはアルカリ剤である。両者を併用した例、ベーキングパウダー（ふくらし粉）は保存中に酸とアルカリ（重曹）が化学反応を起こし、中和分解されやすいものゆえ、昔は両成分を二つの袋に別々に分けて、使用時に混ぜ合わすとの二剤式であった。ところが今ではそのコンビニエンス性から、あらかじめ両成分を均質に混ぜて一剤化され、酸、アルカリ剤のほか、これらの接触による反応が起こることを防ぐ目的で、でんぷんのごとき粉末（乾燥状態維持の目的も兼ねる）をも併用する多成分系に変わっている。

調理食品の味に大切な酸およびアルカリ剤の特性は、pHバッファー力を大きくする働きもある。たとえば、酸味のあるジュースを口に含み、飲み込んだとする。その後、すぐに酸味が急速に低下したならば、おいしさは半減。酸味がゆるやかに減っていくように処方を設定しなければならない。この場合、単に酸味料だけを使わずに、弱いアルカリ剤も併用し、pHを調整することで、水で薄めても（すなわち濡れた舌の上で希釈されても）pHの急激な変化を抑えつつ徐々に収れんできる。

食品にpHバッファー性を持たすには、各種添加物の組み合わせで、その食品に適した緩衝製剤を選べばよく、食品の味への貢献は大きい。その点、食品添加物のpH調整剤はおいしさ調整にも役立とう。また、調整剤の濃度も重要になる。

(4)　酸化防止剤関係

着物をしまってあるタンスの引き出しに昔はナフタリンかジクロルベンゼンの防虫剤タブレットを置くのが普通である。ただ、ここで注意すべきは、両者を一緒にしてはならないことだ。それにより、結晶（固体）である両者が接触して共融化合物を形成、融点がグーンと低下するので、常温で溶け出して着物にシミをつけやすい。この融点降下現象を逆に応用したものでは、低温で融解する合金のハンダ（スズ〈融点二三二℃〉と鉛〈融点三二七℃〉との合金で共融点一八二℃）やヒューズ（鉛、ビスマス、カドミウム、スズの合金で融点は一〇〇℃以下）がある。

添加物製剤についても、BHA（ブチルヒドロキシアニソール）とBHT（ジブチルヒドロキシトルエン）の混合物がこれにあてはまる。酸化防止関係の報文をみるに、この両者を一対一の比にした混合物が有効であるとの結果が多くだされている。BHA—BHTの併用による相乗効果が現われる原因は多々あろうがここに示した共融混合物生成が一つの因子になっているのではあるまいか。筆者がそうした見方でテストした結果、図11・2のごとく、ＢＨＡ（融点約六〇℃）とＢＨＴ（融点約七〇℃）を混合することで、明らかに融点降下を起こす。見方を変えると、融点が低くなる現象は固体から液体の方向へと進み、食品に含まれる酸化しやすい油脂への浸透、溶解がよくなろう。しかも、その融点が一番低くなる混合比、これがＢＨＡ、ＢＨＴがおおよそ一対一のところにある点、注目したい。

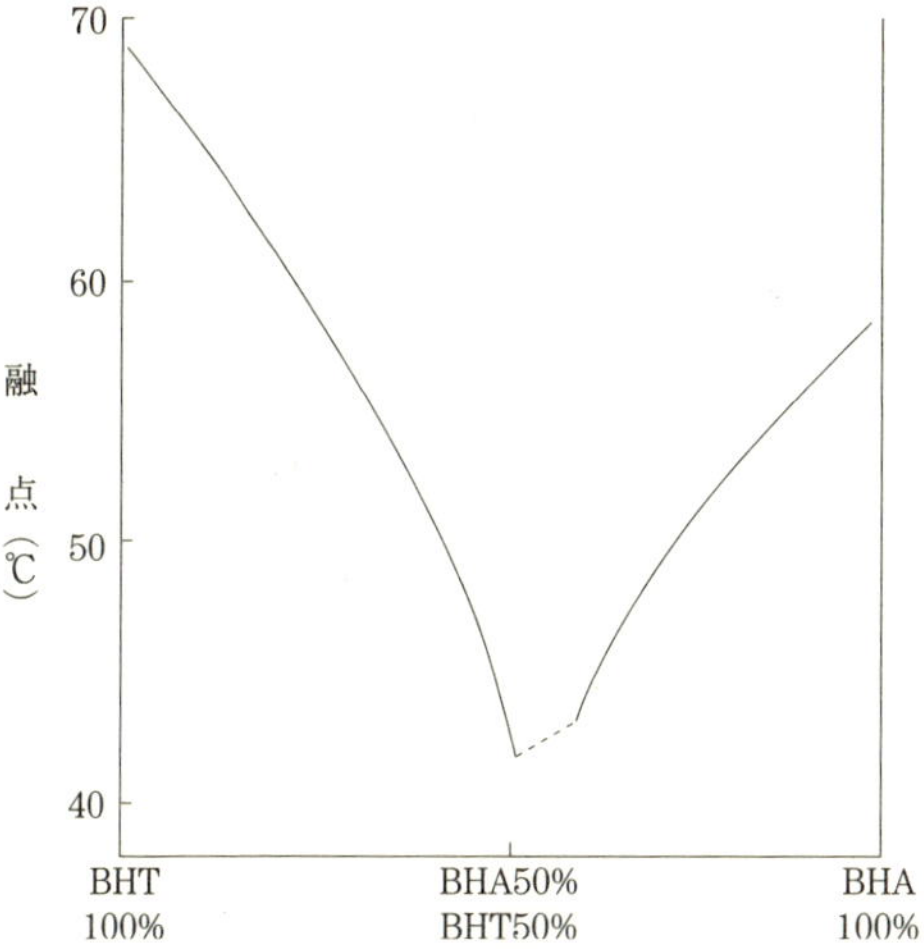

図11.2　BHA - BHT混合物の融点

一方、溶解性の点からも、併用の効果は認められる。たとえば、有機溶剤の一種であるＰＧ（プロピレングリコール）に対し、ＢＨＡは溶けるが、ＢＨＴは溶けない。ところが両者を混合した場合、その成分中のＢＨＴもある程度はＰＧに溶けるようになる。この理由は、おそらくＰＧがＢＨＡを溶かし、そして溶液状に変わったＢＨＡが化学構造の類似したＢＨＴを溶かすとも考えられる。

ＢＨＡやＢＨＴなど油溶性酸化防止剤と、アスコルビン酸、エリソルビン酸など水溶性酸化防止剤の併用も有効だ。前者は油相関係の酸化を抑え、後者は水相に含まれる被酸化物の安定化をはかる。ちょうど、選挙の地区割りのように分担をわける方式ができあがる。

(5)　保存料関係

ソルビン酸、DHA（デヒドロ酢酸）、安息香酸など、いわゆる酸型保存料は、一般にpHが低いほど微生物に対して抑制効果を持つ。それが解離せずに、酸のかたちで水に溶け込んでいるほど効くことになるが、pHを低くすると保存料の溶解度が著しく減少、すなわち水に溶けにくくなる矛盾をはらむ。保存料を食品中に均質に混ぜたい、そしてpHコントロールして十二分に効かせたい……そんな望みをかなえるべく保存料製剤は、たとえばソルビン酸カリのような水溶性塩と、グルコノデルタラクトンのような酸前駆物との併用が普通である。

保存料同士でも併用効果は現われる。異種の保存料では、それぞれアタックする微生物が違う。そこでソルビン酸カリとグリシン（保存料といいにくいかもしれないが）、プロタミンとグリセリン脂肪酸エステル、キトサンと醸造酢、アルコールとグリシン等……そういったコンビが組まれることも多い。要は、多種多様な微生物をいかに完全近くまで抑えるかと、連合軍で迎え討つことにほかならない。

一方、前記酸化防止剤の項に記したような共融保存料も市販されている。しょうゆ、酢、果実ソースなどに使われるパラオキシ安息香酸エステル族の各種を混合し、融点の低い共融混合物をつくり、これをさらに水中油型の乳液にすれば、しょうゆへの溶解度も二〜三倍になり、その取扱いも乳液ゆえに簡便となる。たとえば、

ブチルエステル　一五％
イソブチルエステル　一五％
イソプロピルエステル　二〇％

の共融混合物に水分五〇％を含ませた水中油型乳液の製剤もあった。

(6) 乳化剤関係

化学的にみて純粋に取り出した単一成分の乳化剤よりも、多成分が混ざった粗製品のほうが実際の乳化力はすぐれる場合が多い。乳化剤は油になじみのよい親油基と、水になじみやすい親水基から成り、相性のわるい水と油の境界面において、両者の仲立ちをするバインダーとして働く。このとき、大きな分子の乳化剤ばかりでは、境界面への並び方が粗になり、エマルジョンの安定性がわるくなろうし、そうかといって小さい分子の乳化剤だけでは乳化力の強さに疑問がある。また、使った油の種類によって、乳化剤の方もＨＬＢという単位に合わせて使いこなさねばならず、ここにも併用による調整の意義を見出せよう。

乳化剤は水と油をなじますもの、そういうわけで乳液をつくってみたが、今度は乳化状態の経日維持がたいへん。その解決に糊料を併用することもある。糊料は乳液の粘度を高め、油球の間に入

ってその動きをにぶらせ、油球同士の凝集、成長を防ぐように働く。一方、油と水との比重差を減らして乳液の安定化をはかる方法もある。水の比重を一・〇とすれば植物油の比重（たとえば大豆油は約〇・九二）ではるかに軽い。地球の引力の法則からも、重いものが下に沈むのは当然のこと。乳化剤や糊料を使ったとしても、安定性には無理がある。それゆえ、油の比重を大きくして水に近づけるか、あるいはその逆に水を油の比重に近づけるしかない。この場合、前者の手法の方が容易であり、以前は高比重の臭素化油が利用されていた。しかし今では禁止され、現在はシュガーエステル系の比重調整剤がクラウディのような乳化香料に使用されており、それ自身およびそれを用いた飲料（たとえばジュース）の安定化に協力している。

(7) 金属封鎖剤関係

ポリリン酸ナトリウムやメタリン酸ナトリウムなどの縮合リン酸塩また、クエン酸塩などは、多くの食品添加物製剤の成分として広く使われている。製剤とは、一般にそのもの本来の目的用途のため使用上便利なように、その実在状態を変えたもので、たとえば二品目以上の添加物、または一品目以上の添加物を希釈したり、乳化したものである。縮合リン酸塩が併用成分として価値がある点は、その金属イオン封鎖性と分散性のためであろう。それゆえ、鉄や銅に弱い酸化防止剤を安定させ、あるいは色素の変色を抑える。一方、保存料と併用することで食品組織を改変し、保存料の均質添加を助けるにも役立つ。

2．併用製剤の作業性メリット

併用効果をより有効にするためには、有効な成分を適宜配合して製剤のかたちにまで発展させることが望ましい。製剤にしたメリットは次に記したごとく意外な面にも現われてくる。

(1) 便利性

食品工場で多種多様の添加物を使用する場合、その在庫管理にはかなりの手間を要す。添加物自身は食品の主原料にはなり得ず（ただしチューインガムは例外）、あくまでも脇役の立場にある。そのため、当然のことながら使用量は少ないので、加工食品工場では多品種少量の添加物を常時保管しなければならない。その上添加物の名称はカタカナ英語が多いため、化学にある程度の知識を持たない資材担当者では少し荷が重く、間違いも起こしやすい。

たとえば、ある工場で数ある原料組成の一種類として、クエン酸ナトリウムを使っていたと仮定しよう。多くの場合、こういう工場では、クエン酸ナトリウムのナトリウムを省略して、単にクエン酸と現場用語で呼んでいることが少なくない。したがって、発注するときにもクエン酸ナトリウムではなしに、誤まってクエン酸を注文してしまう恐れもあろう。ところが、この両者の性質は大違い。なにしろpHをみても、前者は微アルカリ性であり、後者は舌の上に乗せるだけでピリッとすっぱい味を感じるぐらいの酸剤である。それゆえ、間違って添加したならば、できた加工食品は根本的に変わったものになってしまう。これが添加物製剤のかたちで、ほかの必要成分と一緒に組み込まれると、簡単でわかりやすい商品名におさまり、発注を一つにしぼることもできる。この結果、添加物の発注種類も減って誤まりもなくなり、また、在庫管理もたやすくなる。

一方、どんなものでも少量の購入では高くつき、多量ならば単価は下がる。添加物の製剤メーカーは、原料に相当する各種添加物の単品種を多量購入するため配合、包装費用をかけても、そのわりには高価とならない。たとえ少しばかり高価になったとしても、数々のメリットがこれを補い、経済的にプラスになることに違いない。

(2)　製造管理の向上

加工食品をつくるとき、主原料の肉類、野菜類、穀類の大物から、少量添加の調味料、香辛料など細かいものに至るまで毎日多種目の資材を秤量することはなかなか手間のかかる仕事である。ときには秤量するのを忘れるケースもあって味のない加工食品ができてしまった失敗談も聞く。秤量の誤りをなくすには、秤量品数を少しでも減らすことが最良の策だ。この点、多種目配合済みの添加物製剤は、〝まとめて面倒をみる〟スタイルで、人為的なクレーム発生を防ぐ。

さらに併用製剤は、ごく微量しか加えられない添加物を、食品中に均質分散させる手法としての意味を持つ。食品添加物のうち、亜硝酸ナトリウムという発色剤がある。この添加物は、食肉製品に亜硝酸根として残存量〇・〇七〇g以下／kgという。このような少量の発色剤を、多量の原料肉にムラなく混ぜるのは容易でなく、そして、均質に混合しなければ発色力も十分にいかせない。混合の原則として、少量成分Aを多量成分Bに混ぜるとき、まずAをBの一部に均質に混ぜ、それを残りのBに混ぜるという二段の希釈混合法が推奨されている。亜硝酸ナトリウムのごときは、食塩のような他の物質と混合した併用希釈製剤のかたちで用いることが多い。この添加法も、先に記した二段処理法の一つともいえよう。

食用色素の場合も同じこと。色素を水に溶かした上で食品を着色した方がムラなく染まる。また、着色料は少ない添加量で、食品を染めることができるため、多量のでんぷんで希釈した併用製剤も市販されている。それは精密な化学天秤を使わないでも、正確な秤量を可能とする現場的なメリットを持つ。

爆発性がある危険な添加物の安全性向上にも、併用製剤の意義は大きい。小麦粉処理剤の過酸化ベンゾイルは、わずかのショックや加温で爆発しやすいものだが、約四倍量の引火性のない無機粉末（ミョウバン、リン酸カルシウム、炭酸マグネシウムなど）と配合して使用することを決めている。製剤利用の変わったメリットは、企業秘密の漏洩防止である。特定の添加物製剤メーカーに、自社処方の調味料などを混ぜ合わせた製剤の製造を依頼しこれに特定名称をつけた上、外包材を解いて工場で分包し使用させれば、食品製造に直接タッチしている従業員にさえ、その配合成分を知ることはできない。

第12章　食品のテクスチャー改良

食品を見た感じ、あるいは歯当り感、そういう感じの表現には、繰り返しのダブル言葉が実に多い。たとえば、パリパリ（せんべいのような乾いた固体感が強い）、パサパサ（水気のない感じ）、サクサク（漬物のような歯切れ感とウエットさ）、ベトベト（湿った飴のごとき粘着感）、シコシコ（良質のかまぼこ的な歯ざわり）等々、片仮名二字の組み合わせはかなりあろう。しかし、なかには、ギトギト、ヌラヌラ、ブヨブヨ、ネチャネチャ、ギラギラなどの表現は、食品にはちょっといただけない。

多彩な形態の食品を一望するに、フワフワして水っぽい日本のパン、歯が折れるかと心配するほど硬いフランスパン、適度なネットリさを持つ牛乳、プリプリ感そのもののプリン、ソフトすぎて頼りがいのないマシュマロその他……。食品は人の顔や性質と同様、よい悪いは別にして、それぞれの個性を持っている。

普通の豆腐もうまい、吸いもののユバもいける。そして凍豆腐もまたおいしい……と、同じ材料でありながら、どれもが別の感じで味わえることは、食品の組織、すなわちその食品が持つテクスチャーの相違によるところが大きいからではないか。ごはんに水が多過ぎて糊になったとき、ポテトサラダが練られてベトついたとき、あるいは羊かんの片端に砂糖の結晶が晶出してガリガリになったとき等々、組織の変質は食品のおいしさを著しく低下させてしまう。

食品は、舌に感じる味を十分に賞味して旨さを評価することももちろんだが、食品の構成組織を味わうものとか、テクスチャーをフィーリングすること等々と考えてみてもおもしろい。要は、会社や団体と同様、食品にとっても組織がきわめて大切だ、といいたいのである。さらに一歩進めて、食品のテクスチャーを変化させれば、組織学的な新製品の開発にまで発展し得よう。このような意味からここでテクスチャーを中心に、食品をサラッとながめてみることにする。

1．流れを変えること

「乱流防止剤」と題した、「化学と工業」第二十五巻五号（一九七二）のドラフト欄の興味ある内容を、まずご紹介しよう。

火事は最初の五分間が勝負。したがって、単位時間にできるだけ多量の水を放水させることが望まれる。ところが、消防ホース内の流速を高めていくと、内壁面の凹凸から渦を生じ、乱流を起こして流速があがらないそうである。そういうわけで、アメリカのある都市の消防隊では、放水に際して少量の水溶性高分子を消火用水に添加するという。それにより用水自体が弱い粘弾性体となり、渦の発生を抑え、抵抗の少ない層流状態に変え流量をふやすことができる……と。

古くは一九七二年行なわれた衆議院議員選挙に、日本社会党は「政治の流れを変えよう」のキャッチ・フレーズで、予想以上の議席をばん回した。前例は、「流れのテクスチャーを変えた」というところか。これが単なる火消しではなく、食品工業においても、そう感じた例がある。それはかまぼこをつくるときの調味すり身と縮合リン酸塩の関係である。

少し変性しかかったスケトウダラ肉に食塩を加えすり身をつくると、どうしてもボソボソ状の組織になる。スタッファーやしぼり袋に入れてグッと圧力をかけてもなにか出にくい。ところが、この状態のすり身に少量の縮合リン酸塩（ただし、アルカリ性のピロリン酸ナトリウムやポリリン酸ナトリウム）を混ぜてみると、途端に流動性がスムーズになる。逆に考えるとこれが板かまぼこにダレ現象を起こさせる理由ともなっていよう。しかしパイプラインによる原料輸送方式が、マスプロのためにも、衛生面の管理にも、食品工場に採用せざるを得ない現在、このような流動性付与剤の働きを大いに利用したいものである。

2. 流れを止めること

食品加工で、流れを一時的にストップさせたいこともあり、そのよい例がクリーム・コロッケの製法である。

周知のように、コロッケを大別するとポテトとクリームの二種類がある。ポピュラーなポテト・

コロッケにはおふくろの味を感じるが、ボソ味のためにソフトさは少ない。一方、クリーム・コロッケは高級レストラン向き。つくるのはちょっとやっかいである。理由は、その名の通り、中味が流動性のクリーム状なので成形するのが容易でないことによる。とくにマスプロ用の成形機を使うのでは、ベトついてもてあましてしまう。そこで中身のクリーム状の具をあらかじめ二〜三℃まで冷却し、テクスチャーもできるだけ硬くもっていき、成形、衣づけする手法を使うのである。

このクリーム・コロッケの揚げ方にもコツがある。小麦粉を水に混ぜた「トロ」を下地にパン粉づけしたこの成形品、温度が低いフライ油で揚げるとたちまちパンク。バラバラにくずれて、油まで汚してしまう。ところが、油温を一八〇℃ぐらいまで高めて揚げれば、衣のほうが急速に固まり、外殻を形成して、内部のクリームの流出を妨げる。クリーム・コロッケを口に入れると、最初はサクッと感じる固化衣の歯当り。次いで、ほとんど同時に衣が破れて、中からおいしく味つけしたクリーム具材が流れ出てくる……まさに、テクスチャーの変化を強調した加工食品の醍醐味である。

「氷の天ぷら」をつくるのも可能だ。この場合「氷は水が冷えて固まったものだから、氷を温めれば溶けるのは当然。したがってつくれない。」と決めつけてはいけない。前記のクリーム・コロッケ手法を利用すれば、おいしいものではないにせよ氷を天ぷら状にすることも可能になる。ただし、それに使う衣の材料にはちょっとした工夫を要す。高温のフライ油の中に投入すれば、直ちに熱凝固して外殻をつくるもの、そして、ある程度の水分吸収性と熱伝導を妨げる気泡を持つ食材の細片を含むもの等々の条件がある。この要望にこたえる材料として、前者の役目には卵白、後二者の役目にはパン粉やカステラ粉末などが推奨されよう。一方、揚げ方も、高温の油中をサッとくぐらす程度の短時間フライを行なうこと、もちろんである。

3. 流れを食べること

かつての整髪化粧品代表のポマードは、木蝋（もくろう）という常温で固まっているワックスと、液体の植物油ヒマシ油とを、ある比率で加熱混合し、急冷してつくる。当然のことだが、ヒマシ油が多いと融点が低くなり、冬場は適度な硬さを保つことができても、夏場はダラけて特有のグリース状の態をなさず、頭髪の整形性も悪い。そのため、季節によって両者の配合割合を変え、融点調整するのが普通であった。

加工食品でも、油脂を主原料とするマーガリンにはこの融点調整が行なわれている。一方、近年、ソフトなチーズと称して、マヨネーズのように柔らかなペースト状の製品が市販されてきた。これらは表示上からチーズフード（製品中にチーズ分が五一％以上のもの）の範ちゅうに入るものが多く、今までの硬いチーズと違って、口当りもなめらかで人気がある。

一般に油脂製品は、口の中に含んで体温で融けるくらいまでの低融点を示すものが好まれる。たとえば、牛肉のおいしい食べ方は、すきやき、牛なべなど、グーンと熱くしてフウフウいいながら食べることに価値がある。この原因は、牛肉に含まれる高融点（四五～四八℃）の脂肪を融けた状態で食べるためであり、その証拠に、冷えて白蝋化した状態の牛脂に変わると、全くいただけない。

チョコレートでもそうである。成分のカカオ脂（融点三二〜三五℃）が口に含んだときの体温でトロリと軟化するからこそ、あのソフト感を持つ旨さがにじみ出てくるのである。一見すると固体の食品であっても、口に含み、食べているときは液状の形になっている……そういう例が案外に多いのではなかろうか。

4．流れに重みをつけること

高濃度の砂糖液や水飴は、いわゆるトロみがあり、手についてもベタベタしている。したがって、砂糖をなめてみて感じる広義の味は、少なくとも甘さと粘り感（ベトベト性）が関与していよう。ところが、キク科の多年生植物から採る天然甘味料のステビア抽出物では、甘さは砂糖の約百倍もあり十分過ぎるほど。しかし、粘り感は全くない。そのため、韓国の焼酎に甘味補助のために少量入れられ、サラッとした口当たりの商品が人気を呼んでいる。逆に高甘味料を使った砂糖代用の配合製剤には、この粘り気のあるもの（たとえば水飴や糊剤）の組み入れが類似性を高める目的で望ましい。

一方、食品に粘りを与えると、味にもまるみが出てくることが多い。舌の上にのせても粘り気があればすぐには広がらない。なぜならば、味が液体としてとは違って、塊状でボテッと舌にのるからであり、粘りのために広がることは無理というもの。したがって、味を感じるまでのタイムラグ（時間的なズレ）がある反面、呈味効果を延長できる利点も生じる。

ポテトを使った野菜サラダを食べてみる。酢で前処理したポテトの味は、一口含んで食べている間、口の中で味が広がり、徐々に消えていく。この感じが野菜サラダのおいしさの主流であるが、そのときたまたまサラダ中のたまねぎ片が歯に当る。そこでたまねぎ片が潰れ、細胞中のエキスが流れ出す。それにより、今まで消え気味だったポテトサラダの風味をグッとひきしめ、復活させて、新しい味のふくらみが生れることになる。

粘液がさらに粘くなったと考えられるのが固体だから、味のストックとして流動性の悪いものほど有効だという例にもなる。

「ダラダラしている」……こういう表現は「スピーディー」の反対語と考えられ、あまり歓迎されない言葉である。たとえば、粘液を別の容器に移しかえようとした場合、このダラダラ感には「油を売る人」でさえも悩まされる。しかし、「なんとかと鋏は使いよう」との格言通り〝粘りの素〟の糊剤は食品のテクスチャーを変身させる働きを持ち、その活用はいろいろの面から検討されてよい。

5．テクスチャーの変換

プラスチックや自動車のゴムタイヤの廃棄物は、後始末の悪いものである。かような弾性体を利用するため、無理を承知で粉砕しようとしても、フックの法則が適用されてなかなかうまくいかない。これを可能にするには、この物体が持つ弾力あるテクスチャーを変えて、粉砕機にかかるような硬く脆い状態にする必要がある。一般に、グニャグニャしたつかみどころのないものより、カチカチの硬いもののほうが、粉砕はしやすい。そこで、前記廃棄物を液体窒素で凍結させ、砕けやすいテクスチャーにしてから粉砕するという手法がとられている。この結果、ポンコツにする中古車や家電製品を、あらかじめ非金属部分を取り除くことなしに丸ごとプレス、粉砕して後、それから分離という廃物処理法が企業化されてきた。

食品関係でも、凍結粉砕手法を活用している。たとえば香料レジン。それは植物や動物からかおりの成分を取り出すため、溶剤で抽出して後、溶剤を蒸発除去した樹脂状の香料である。この香料レジンをそのまま粉末化するのはちょっと無理というもの。それを可能にするには、前例のように被粉砕物をまず凍結させることで解決できよう。しかし、すべてがうまくいかないのが世の常で、粉砕中の摩擦熱による冷凍の戻り、粉砕後の粒子間の凝集、あるいは冷凍経費がかかること等々、問題を含む。が、凍結粉砕における問題解決法（たとえば粉砕補助材の利用など）の研究により、今度はそこが一歩進んだ出発点になるため、新たに発生した問題は次のレベルで処理すればよい。

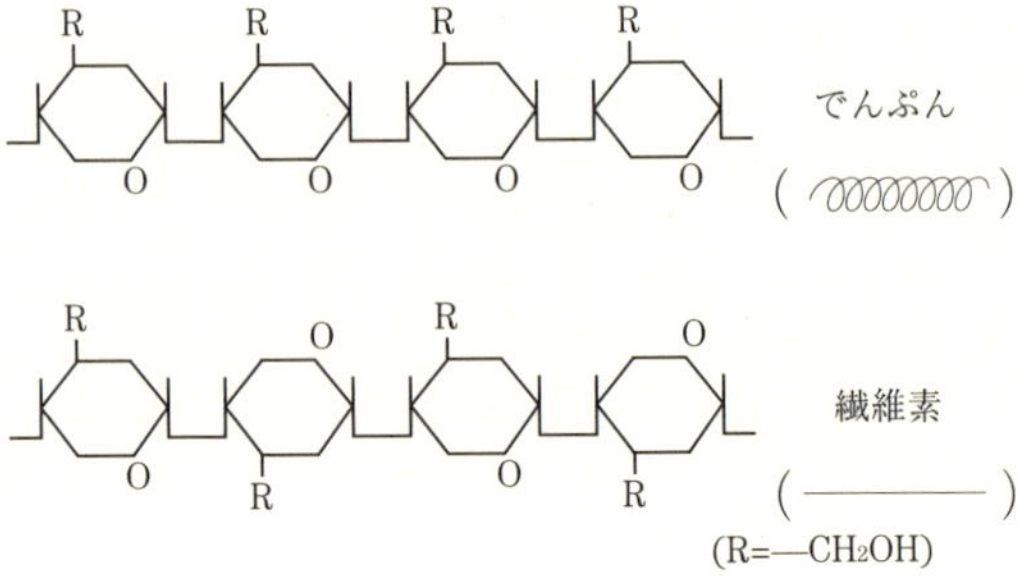

図 12.1

6. テクスチャーの配列

昔、縁日でおなじみのフワフワしてボリュームあるわたあめは、子供たちにとり、おいしさは別にして魅力的な存在であった。時は流れて、現在では、家庭でも簡単につくれるわたあめ製造用電化製品まで売り出されている。溶融した熱砂糖液を遠心力の利用で、細かいノズルより吹き飛ばす。同時に冷えて細い繊維状となる。それらを一本の割箸に巻き取る。という工程だが、人工的に繊維組織を持たした食べものとしては由緒深い。おそらく砂糖分子は、整然と配列していることであろう。

でんぷん（アミロース）と繊維素（セルロース）とは平面的に示した構造は似ているが、性質は全く異なる。その理由は、図12・1に示したように、一方は－CH_2OHというおもりが交互についており、他方は一方向だけに並んでいる。このため、繊維素はバランスがとれてストレートに伸び、でんぷんはスパイラル構造をとる。

しかし、でんぷんやたんぱくなどの巨大分子も、一方向に並ぶように何回も押し延ばせば、その配向度は高まってこよう。よい例の一つに製麺のテクスチャーがある。普通、製麺機械で麺体をつくる場合、いくつもあるロールの間を、小麦粉と水を混ぜた麺生地を流す。したがって、できた麺帯の小麦グルテンのネットは縦方向には裂けやすく横方向の力に対しては強い。ちょうど新聞紙が横に破りにくいように。……ところが、手打ち麺になると、そのつくり方からもわかるように、配列は一方向だけではない。このテクスチャーの相違が手打ち麺（時には足を使ってまでして、麺生地を多方向に押し延して薄く広げ、さらにそれを折りたたんで再び押し広げる）の特色ある歯ごたえを生ずる一因とも考えられ、製麺メーカーでは、変形ロールのほかいろいろな手法を使っていわゆる「手打ち風」機械麺を製造している。

板付かまぼこもそうである。板に魚のすり身を少しずつ、こすりつけるようにして盛りあげていく。この手づけ作業のほうが機械成形よりも、ダレにくい。一方、かまぼこ成形機も、それなりに苦心のあとがみられる。単に、かまぼこ断面大のノズルからすり身を押し出すだけではない。ホッパーからノズルまでの間に、方向性を与える数枚の板が層状にセットされており、しかも、ノズル先端をしぼるようにテーパーまでついている。

７．テクスチャーのソフト化

北欧の肉料理に『紙カツ』――つまり、紙のように薄く延ばした肉フィレーを使ってつくったカツがある。わが国でも昔のトンカツ屋では、豚肉フィレーをマナ板の上に置き、空のビール壜の胴部でたたき、噛み切りにくい筋部を弱める前処理を見掛けたものだ。つまり、硬いものは、機械的に組織を破壊することが、ソフト化に通じる。粘液を超音波処理で低粘度化する方法もある。

肉料理の『シャブシャブ』では〝たたき〟とは違うソフト化法を行っている。つまり、シャブシャブ肉は、すき焼き料理には適さない少し硬めの肉を使うことが多いため、硬い繊維をカットする方向にシンスライスすれば、ソフト化に向うわけだ。しかし、ここにも技術を要す。すなわち、グニャグニャした生肉は、スライサーで処理しにくい。そうかといって冷凍肉では、硬過ぎて刃が立たない。そのため、シャブシャブ用ブロック肉を先ずは凍結し、次いで半解凍した後、肉表層のみを再凍結して、刃がひっかかりやすい状態まで固め、これをスライスすればよい。肉自体をスライサーの刃に適合させる前処理といえよう。

さらなる肉組織のソフト化の決め手としては、挽き肉やそぼろ化。安いビーフステーキよりもハンバーグステーキの方が歯に抵抗がなく食べやすい。

また、酵素の利用も有効である。たとえば肉に対してはたんぱく分解酵素によるソフト化だ。卵を産み終えた廃鶏肉は濃厚味を持っておいしいが、固いのが欠点。そこで、酵素で固いたんぱく組織を分解し、ソフト化に向ける。ただし、この場合の処理には、pH、温度、時間など、最適の酵素処理条件設定を予め行うことが望ましい。

一方、高温加熱もひとつのソフト化といえよう。レトルトパウチ商品に入った食肉はソフト過ぎて肉組織を感じられず、不味との評価も少なくないが、技術面からの軟化手法としては忘れてならない。ソフトな煮豆が作れるし、特に骨つき魚では骨まで軟化でき、可食性に変わる点が好ましい。また、強引にレトルト処理のような強熱まで持っていかなくとも、ビーフ・シチューの煮込みのように、六〇～七〇℃程度のたんぱく熱凝固温度付近での長時間加熱方式による軟化手法もある。こうした低温加熱肉の方が、溶ろけるような歯ざわりでおいしいケースもある。半熟卵や温泉卵、さらに親子丼のトロリとした卵液が好まれるように、中途半端な加熱もときには役立とう。

食肉以外の食材の軟化では、たとえば――

・昆布の軟化にポリリン酸ナトリウム

・煮豆をソフトにするのに重曹

――のごときアルカリ剤を使うことも少なくない。

8．テクスチャーの物理的強化

ゴムにカーボンブラックやシリカを加えるのは、その強度増強にある。また、セメントと水だけでも硬化するが、これにジャリを加えることも、強度を高めることに関係がある。

食品加工でも、かまぼこの製造にこの手を使っている。それは、すり身にでんぷんを加える方法である。魚肉だけでかまぼこをつくると、弾性はあるが、硬さ（剛性）の少ないものになってしまう。したがって、素人向きの魚肉一〇〇％表示には歓迎されるかもしれないが、食べた歯ごたえは満足できかねる。この場合のでんぷん添加は、まさにコンクリート中のジャリであって、かまぼこの断面に薄いヨード液をかければ、紫色に発色したでんぷん粒子が顕微鏡でみられる。でんぷんが糊となって、かまぼこの組織を接着強化するのとは全く違っている。いまひとつ、でんぷんの持つジャリにない特性が、かまぼこ強化に大きく貢献するといえよう。それはでんぷんの加熱時における水和膨潤性が、すり身成形品中に含まれる自由水を吸収するからである。細かく分散されたでんぷんは、すり身から余分の水分を均質に吸い取ってくれる脱水剤の役目ということにもなろう。

将棋の駒の入った箱をサッと裏返しにして、静かに箱だけを取りはずし、残った駒のブロックから一駒ずつ、他の駒を動かさないよう静かに引き抜くゲームがある。このときに気づくことは、意外なほど箱の型通りに駒のブロックができること。大きな石を山と積みあげた場合にも、くずれることなしに安定度は高い。

九州の島原で、豆腐かまぼこというあいのこねり製品をみたことがある。魚肉すり身とやわらかな豆腐が混ざってできているため、このものの組織は実に弱い。しかし、それを補うのに、細長くカットしたにんじんやごぼうを加えてありいわゆるつっかい棒の入った製品となっていることは、前期した将棋の駒ブロックにも相通ずるテクスチャーとして興味深く感じられよう。

ハンバーグやシューマイの具でも同じこと。肉や野菜のカット程度が、その成形性に大きな影響を与えている。ごぼう巻きのようなバック・ボーン入りのそうざいも、力学的見地から考えるとおもしろい。

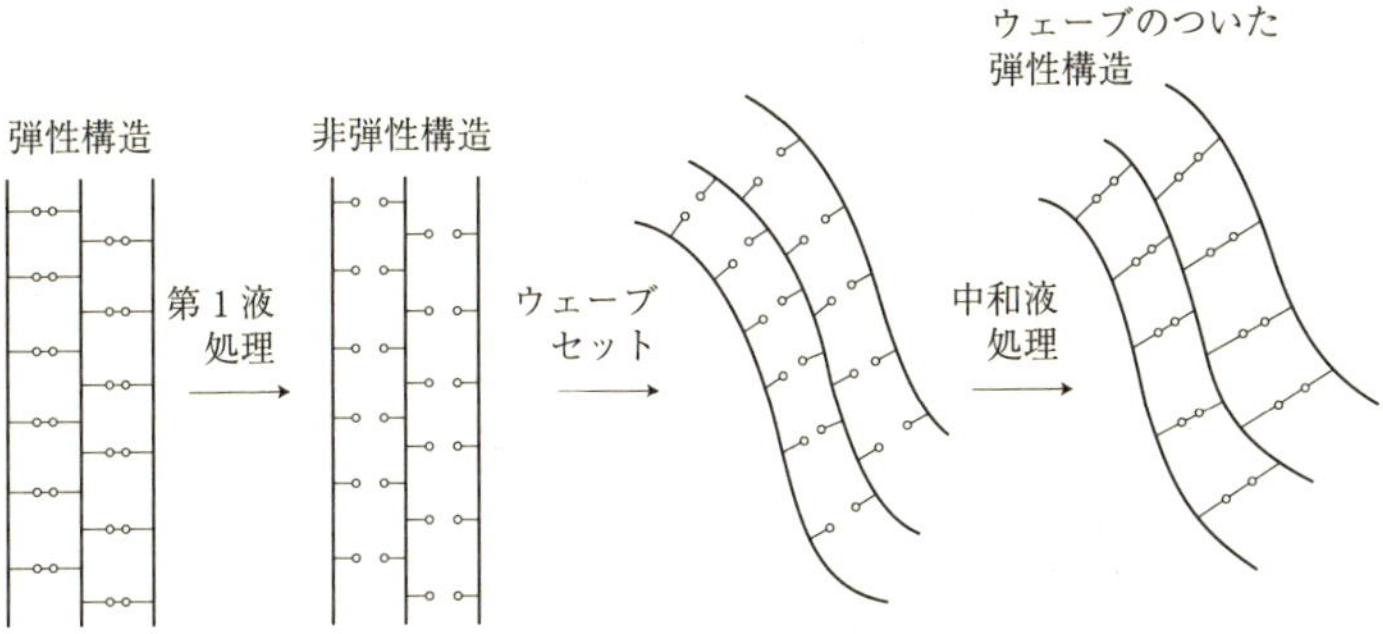

図 12.2

9．テクスチャーの化学的強化

野菜の漬けものや、果実のかん詰めを製造するとき、カルシウム塩を加えて組織をグッと締める。これは植物中のペクチン質とカルシウムの造塩反応によるものであるが、その一方酸化、還元反応で組織強化をはかる手法もある。

頭髪にパーマネント・ウエーブをかける場合まず第一液処理で柔らかにする。そのメカニズムは、図12・2に示したように、第一液の成分である還元剤（チオグリコール酸ソーダ）が、毛髪たんぱくのケラチン質の構造を一部変えて軟化させる。そこで希望の髪型にセット。次いで中和液（臭素酸カリウム溶液）で酸化し再び元の弾力ある構造に戻してパーマネント・ウエーブができあがる。

この酸化還元反応の利用は、かつて水産ねり製品に行なわれていたことがある（現在は坐り法や二段加熱法が開発されて使用不可）。かまぼこ用のすり身の化学構造を前例でいうと、第一液で処理した毛髪に相当する。そのため、すり身中に酸化剤（臭素酸カリウム）を混ぜ、それを成形、加熱するだけでＯＫである。この結果、スケトウダラのような弱足魚すり身からでも、弾力あるかまぼこをつくれるわけである。一方、ねり製品の足が強くなると、それに伴って日持ちもよくなる傾向にある。たとえていえば、緻密なネット構造が形成されるため、微生物が活躍したくても十分に動けない。酸化剤の働きは、できたかまぼこの内部組織を、ちょうど潜水艦の各部屋のごとく、とびらを閉じた感じの細かいテクスチャーにしてしまう。この役割を持つ酸化剤は、臭素酸カリウムだけではなく、漂白殺菌剤である過酸化水素も同じである（図12・3）。また、パンの品質改良剤として使われることもある。一方、羊毛織物の防しわ処理剤としてなど、酸化還元反応の応用分野は実に広い。魚肉も小麦グルテンもそして羊毛も成分はタンパク質ゆえ、考え方は一緒で通用できる。

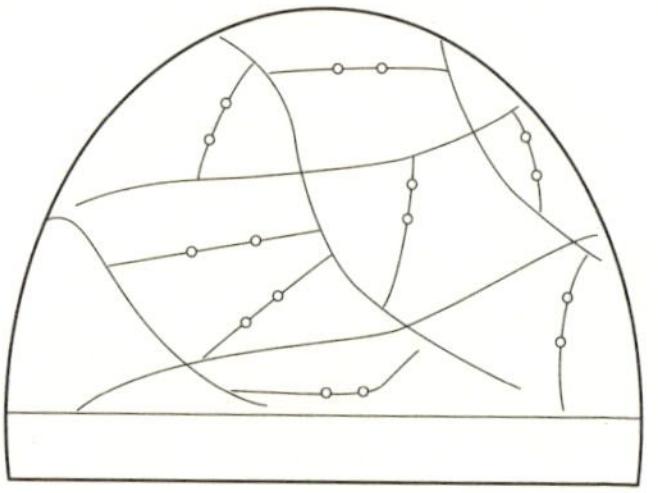

図 12.3

手延べそうめん製造中の危（やく）現象もそうである。すなわち、小麦粉、植物油、塩および水を原料とする手延べそうめんは、冬場に製造してから高温多湿の梅雨期を過ぎるまで貯蔵しておくのが昔からの製法の極意である。この結果、そうめん中に加えた大豆油や棉実油が酸化し、それが小麦たんぱくに変化を起こし、食感と舌ざわりがよくなると推察されている[1]。

10．テクスチャーの不均質化

アーモンド入りのチョコレートを食べるとき、表面のチョコ層でソフトさを感じつつ、中心のアーモンド実のカチッという歯ごたえに続く。羊かんに含まれる栗の場合も同じこと。異種の材料を組み合わせてできたテクスチャーは、羊かん組織に歯をすべり込ませていく間に、もう栗に当たるだろうとの期待感、そして当たった後に出現する栗の食感、それを噛み砕くときに生ずる風味など、楽しみが多い。

牛肉のしもふり部、ロースハムの肉部と脂部、カレーソース中の肉片、あるいはコンソメスープの表面に浮く一片のカリカリしたクルトンなど、不均質さを成分の複合性でつくり出した食品といえよう。天然ジュースのパルプ質でも、これを飲んだときにはのどを快くくすぐってくれる。一方、ゆでたうどんを放置すると、ノビておいしさが激減していく。うどんやそばは表面がやわらかく（水分が多く）、それに比べて中心部は硬いという点にうまさがある。これが時間の経過により、水分が麺内に分散していき、中心部まで軟化し、テクスチャーが均質化に向かうため、食感は落ちる。こういうことからも、食品組織を不均質とした〝これからの食品〟に期待したい。そして、食品の不均質性を維持する研究もまた興味深いテーマとなろう。

第13章　食品の保存性向上には？

〝人は生まれた時から老いが始まる〟とは、古き哲学者の言葉だが、生産した食品でも同じこと。時を経るにつれ、変敗や変質を起こす宿命にある。安心安全が重視される今日、消費者が商品を購入する時、賞味期限の表示に関心度が高まっている。

もちろん、製造後、数ヵ月経った方が果肉にシラップが浸みこんでおいしくなるという桃や梨など果実のシラップ漬け缶詰、また、数日間漬けこんでから包装して後、一～二日経た方が〝食べ頃〟という野菜の浅漬けなどの例外もある。しかし、多くの商品はイメージ面も含め、新鮮さを感じる言葉〝つくりたて〟、〝穫りたて〟、〝できたて〟等々の〝たて〟が、消費者に受けるのは確かである。

〝変敗、変質を起こすのは食品の定め〟に対し、逆に〝できたて〟食品のそのまま変化させないようにする、つまり、保存性を持たすというのは大きな矛盾。それを解決するためには新しき発想を要し、期待されるところだ。それも一つの手を打つだけで解決するほど、やさしい問題ではなく、少しでも改善に向ける手法を絡み合わせ、総合力で日持ちを延ばすように進ませなければ成功しない。

ただし、ここで問題になるのは、ひと口に食品の保存はいかにすべきか？……といっても、対象となる食品の品質、種類、形状、加工度、包装、保管法などはそれぞれ異なり、複雑化していることである。

たとえば――

・外観から……

固体、半固体（ゼリー状、クリーム状、またはペースト状）、液体ほか

・固体の大きさから……

粉状、顆粒状、スライス状、ブロック状ほか

・均質か不均質か……

固―液混合方式、油―水混和方式（分離タイプドレッシング）、重ね方式（サンドイッチタイプ）、トッピング方式ほか

・食品の含水状態から……

乾物、中間水分食品、ウェット食品など含水量別の食品群

・食品の組織の強弱から……

たとえば、ハードなパンVs.ソフトなパン、トンカツソースVs.ウスターソースほか

・食品の調味の面から……

濃味、薄味、減塩、減糖ほか

・包装面から……

無包装、簡易包装、真空包装、シール後殺菌包装、ホット充填包装

・食品の物性から……

pH、水分活性、色調、香り、味、テクスチャーほか

・食品の加熱面から

非加熱食品、中温加熱、高温過熱、表面のみ加熱品ほか

・召し上がり方から……

食べる時そのまま、または要加熱（熱湯加熱、オーブンまたは電子レンジ処理）

・流通形態から……

冷凍、フローズンチルド、チルド、常温、温蔵ほか

――等々のほか、いろいろな形態があって、保存性改善のためには、それぞれの対応も変えなければならない。時には――

・保存中に沈殿を起こしやすいので、液体商品からゼリー状商品に変える対応

・簡易包装では日持ちがわるいので、包装後殺菌商品に変える。その際、真空パックにより、包装内の食材がくずれるので、粘調なソースを入れて可食性保護剤とし、形くずれを防ぐ対応

・常温流通では保存性がわるいので、チルド流通品に変える対応

・経時により調理食品の味がわるくなるので調味料別添として、召し上がりの際に添加して食べる対応

――など、単に製品を狭い枠内で改良するだけでなしに、次元を変えた対応が必要にもなる。

このように多様な食品の保存性向上をすべて論ずることは不可能であるため、本章では特に保存性が低いのが特徴といわれる日配食品の『惣菜』の事例をベースにして対応策を書いてみよう。

『惣菜』は『総菜』とも示されるほど、食品加工時における保存性改善技術の縮図とも考えられる。従って原料および加工法などに一般食品との基本的共通項を多く持っているので、応用すべきヒントもまた多く、参考事例として好ましい。

1．食品が変敗、変質する原因は？

食品の保存性向上には、変質原因となる対象を知らねばならない。一般に〝食品の保存性アップには？〟とのテーマを掲げると、すぐに――
・食品の保存――→微生物対策
――と短絡して、イコールとまで考えてしまう人も少なくあるまい。が、現実には微生物による腐敗が食中毒事件の主役になっているからに過ぎず、品質変化には多くの因子が関与し、また、これらの因子がお互いに絡み合って問題を複雑にしているケースが普通といえる。

ここに、変質原因をまとめ、分類してみると――

⑴　生物関係

食品が生物に冒される事例をあげれば、ネズミ、ゴキブリ、ダニ、ハエなどの小動物や昆虫などによるもの。特に、カビ、酵母、細菌などの微生物の関与が大きい。小動物の場合は食害があり、たとえば乾燥状態の菓子商品にダニが生息してボロボロにしてしまうことさえある。包装材まで孔を穿ち侵入するから恐しい。また、ネズミ、ゴキブリ、ハエなどは、細菌の媒介者となるため、時にはサルモネラ菌などの間接的な食中毒原因生物（？）に変身する。

⑵　酵素関係

食材が含む酵素は、マイナス二〇℃の低温でも働き、食品の変質を促進するほど。従って、冷凍野菜の製造にはブランチング（熱処理）を行うことにより、酵素を失活させてから低温保蔵を行う。また、リンゴなど磨砕すると、組織が破壊することで酵素作用が活発化し、酸化褐変を起こすなど問題は多い。

⑶　酸素関係

食品の褐変の原因物質として、酸素が関与することが少なくない。また、好気性微生物は、文字どうり、酸素を含む環境下にあって繁殖する。酸素は地球上に生きる多くの生物にとって必要なものではあるが、食品の保存には好ましくないのが一般的。冷凍魚や揚げ菓子の油焼け現象も、酸化反応のひとつである。

(4) 水分関係

経時により食品中の水分が蒸発し、含水量が低下すると乾燥度が進み、組織が硬化したり脆化したりする。また、多孔質になると、含油食品では酸化も速くなり褐変することもある。極端な事例として、対微生物の保存性がよい筈の真空凍結乾燥食品でも水分が少なくポーラスのため、油分が直接、空気に曝され酸化されやすいことからも理解できよう。もちろん、高水分または高水分活性の食品は微生物が繁殖しやすい。

(5) pH関係

漬けものは経時と共に乳酸菌の働きで乳酸生成が続き、pHが低下する。そのため、クロロフィル系の色素成分を持つ緑色野菜は、pH低下と共に全体が褐変していく。一般に微生物はpH低下により繁殖しにくくなる。

(6) 紫外線関係

ミカンの色素成分であるカロチノイドは、日光（紫外線を含む）照射により退色し、白色化してしまう。また、食品添加物の黄色～橙黄色の結晶であるリボフラビン（ビタミンB_2）も、日光によ

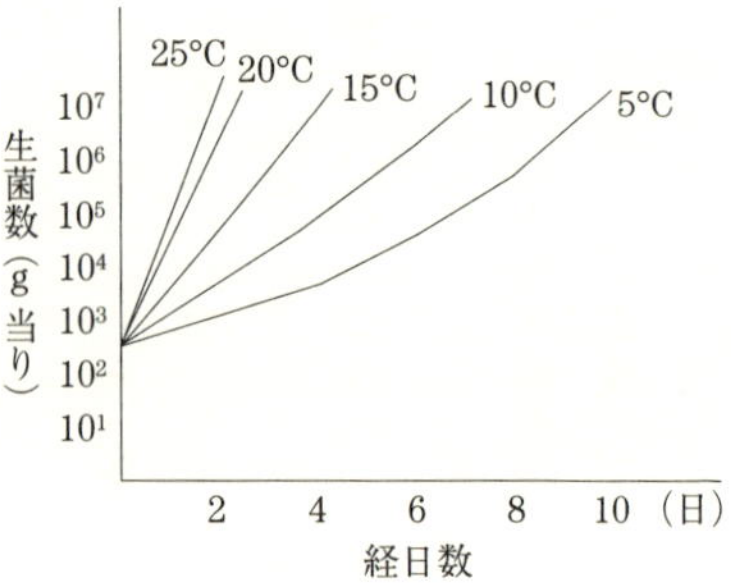

図 13.1　シュウマイの経日生菌数の変化

り急速に分解する。従って、味噌にリボフラビンを添加し、光沢をよくし、麹菌の持つ酵素類の力価を高めるケースもあるが、直射日光に曝すのは好ましくない。

(7)　品温関係

食品の保蔵時、品質変化に対する品温の影響は甚だ大きい。一般に化学反応速度は、一〇℃上昇すると二倍になるといわれ、酸素による酸化反応などが当てはまろう。微生物の場合、中温菌においては二〇～四〇℃が繁殖率が高い（図13・1参照）。そのため、夏季における食中毒発生対策には、温度管理が重要となる。

一方、デンプン含有の加工食品にあっては、低温保存すると、老化（ベーター化）が進む。フックラした炊きたてのご飯が冷えるとボソボソした食感に変わる現象である。その上、デンプンの老化は時として、食品から水分が遊離し、ドリップを生成することもある。ドリップ自体が自由水とも考えられるため、それに微生物が繁殖しやすく、保存性の低下へと向かう。

(8)　食品中の成分間の関係

二剤式のベーキングパウダーが徐々に成分間反応を起こし、ガス発生の可能性があるように、含有成分間の物理的または化学的作用が経時的に起こり、凝固、褐変など変化する場合がある。凝固の場合は水分移動、褐変の場合は糖とアミノ酸の反応、つまり、アミノ-カルボニル反応によることが多い。

——など考えられる。そのほか、混濁ジュースの経時分離、沈殿のごとき比重差による保存性低下の問題もあり、それぞれの食品毎による変質現象は異なる。従って、その対応手法も異なるが、なぜ保存性に問題が起きるかとの原因を確め、適した対応を探すべきである。

2．保存性の改善法

食品の製造、流通には、たとえば農産物ならば——

・種子→栽培→収穫→選別→荷造り→配送→加工場→保管→前処理（洗浄ほか）→本処理（加熱ほか）→包装→製品→販売店→消費者→消費

——という大きな流れで進む。

もちろん、ＣＣＰに相当する保存性の重要管理点は、このなかでいくつかのポイントにしぼればよいが、いずれの工程にも保存向上技術の考えを含めて組み立てることが望ましい。ひと口でいえば、食材にせよ食品にせよ、それを大切に取り扱うことが求められる。

(1)　食品のチェックと保存性

食品製造は原料から始まるが、原料自体も品種や種子など最終の製品に適したものを選ぶのが基本である。しかし、品質が基準点の低い食材であったならば、対応する加工技術によりカバーしなければなるまい。

表13・1は㈳日本冷凍食品検査協会の『冷凍食品の品質・衛生についての自主的指導基準』（一九九八年九月）のなか、『その他の農産物の品質指導基準採点基準』を示したものであり、こうした評価を納入原料に取り入れて、原料段階からのレベルアップを目指すべきであろう。

自社の製品をつくるのには

・サイズがどのくらいが機械に無理なくかかるか。
・硬さはどのくらいがよいか。
・打ち傷はどの程度までならよいのか。

――等々、自社なりの製品保存性を勘案した受け入れ規格をつくり、点数制で判断するのがよい。

また、原料種類によっても保存性は異なる。たとえば――

・栄養リッチ材……鶏卵、精肉
・栄養プアー材……ゴボウ、蓮根

――など、微生物もソフトで栄養リッチな食材の方を当然好む。逆に、繊維質多く硬いものは好まない。そのほか、乾燥した食材なども水分が少なく、結合水がほとんどで微生物にとっては手が出

表 13.1　原料農産物の受け入れ規格

事　項	採　点　の　基　準
形　態	1．形が良好で、損傷がないものは、5点とする。 2．形がおおむね良好で、損傷がほとんどないものは、その程度により、4点又は3点とする。 3．形が劣るもの又は損傷が目立つものは、2点とする。 4．形が著しく劣るもの又は損傷が著しく目立つものは、1点とする。
色　沢	1．固有の色沢を有し、乾燥による変色、その他変色がないものは、5点とする。 2．おおむね固有の色沢を有し、乾燥による変色、その他変色がほとんどないものは、その程度により、4点又は3点とする。 3．固有の色沢が劣るもの又は乾燥による変色、その他変色が目立つものは、2点とする。 4．固有の色沢が著しく劣るもの又は乾燥による変色、その他変色が著しく目立つものは、1点とする。
香　味	1．香味が良好なものは、5点とする。 2．香味がおおむね良好なものは、その程度により、4点又は3点とする。 3．香味が劣るものは、2点とする。 4．香味が著しく劣るものは、1点とする。
肉質又は組織	1．肉質が良好なものは、5点とする。 2．肉質がおおむね良好なものは、その程度により、4点又は3点とする。 3．肉質が劣るものは、2点とする。 4．肉質が著しく劣るものは、1点とする。
その他の事項	1．病虫害による被害部がなく、きよう雑物の混入がないものは、5点とする。 2．病虫害による被害部がほとんどなく、きよう雑物の混入がほとんどないものは、その程度により、4点又は3点とする。 3．病虫害による被害部が目立つもの又はきよう雑物の混入が目立つものは、2点とする。 4．病虫害による被害部が著しく目立つもの又はきよう雑物の混入が著しく目立つものは、1点とする。

まい。冷凍品の場合も水分が凍結してしまうと、微生物は動きもとれまい。

このような保存性に関する対応は微生物の性質を十分に理解すればわかること。つまり——

微生物は目に見えないほど小さいこと

微生物はどこにでもいること

微生物は高温に弱いこと

微生物は酸やアルカリに弱いこと

微生物は寒がりなこと

微生物はウェットな食品が好きなこと

微生物は柔らかく薄味の食品を好むこと

微生物には栄養が必要なこと

微生物は条件が備えば繁殖すること

——等々、人間と微生物の類似点は多いので、微生物の立場から食品の保存性アップを考えるのは易い。

(2) 食材からの保存性向上の考え方

加工食品にあっては、保存性向上させるべき原料配合が大切である。たとえば、いくらおいしいからといって超薄味の簡易包装製品をつくったとしても、保存性はわるくて賞味期間も短か過ぎ、変質はもちろん食中毒の原因にもなりかねない。
従って、各食材が持つ保存機能を持たせたレシピづくりが望まれる。

a．塩味

食塩や砂糖は昔からの調味料であり、天然の保存料といえたもの。特に食塩はその効果が大きい。かつては冷蔵庫が家庭まで普及していない時代では、塩から過ぎるほどの高い塩濃度の保存食があったが、いまや、健康的にも〝塩から味〟の面でも濃味が嫌われ、薄味化に変わっている。健康面から使用量減少の考えも含め、調味上での〝塩から味〟を減少させる方法としては――

・食品に対して食塩の添加量を減らす……
誰しも考える当然なことだが、なにか寝ぼけた味になり、旨くない。減塩によるこのボケ味を酸添加で改善する方法もあり、この考えは保存性向上にも通じよう。

・食塩の味に似た代用塩の使用……
塩化ナトリウムでなしに、塩化カリウムを一部置き換えた商品もあったが、塩化カリ特有の苦味により微かしか置換できない。そのため、塩化カリの味を多少マスキングできる製剤も商品化されているが、まだ十分な塩味は出せない。

・食塩の別添法……
加工食品自体に食塩を混ぜこむと、いわゆる〝塩なれ効果〟がおき、〝塩カド〟がなくなってピリッ!!としにくくなるので、逆に無塩加工した食品をつくり、これに振りかけて食べる別添法。しかし、均一にふりかけるのは難しい。超薄塩味として後、好みで少しのふりかけがよい。

・食塩を〝塩なれ剤〟と共に使用……

食塩水溶液に、砂糖や酢を入れたのが〝三杯酢〟。これら三成分は混合液にすると、お互いにそれぞれの特性味（？）をまるめる関係にある。これらの効果のうち、〝塩なれ〟性を上手に利用し、多少とも食塩濃度を高める考えが保存性向上には好ましい。以前からの〝塩なれ剤〟として甘草から抽出して造ったグリチルリチンがあり、〝塩カド〟をまとめる働きがある。また、アミノ酸類や脂質も塩なれ効果を持つ。

——等々あげられる。これらの〝塩なれ〟方式の最適な組み合わせを探すのも一法か。

b．酸味料

一般に微生物は酸性では繁殖力が弱くなる。従って、酸サイドのpHコントロールが求められる。しかし、酸味の場合、これも酸っぱさが強過ぎると好まれない。また、酢の匂いを腐敗臭と誤って感じる人もいるので要注意。食品添加物の酸味料を構造からみると、水酸基を持っている有機酸と、持っていない有機酸に分けて考えると面白い。そもそも水酸基（－OH）は、水（H_2O）と構造が似ているので、水分子となじみのよいもので、水和してくれる。そのため、水酸基を持った酸の方が味もおだやかな感じを受ける。たとえば——

・水酸基を全く持たない酸……

酢酸、コハク酸、フマル酸、アジピン酸など

・水酸基を1個持った酸……
リンゴ酸、クエン酸、乳酸など
・水酸基を2個持った酸……
酒石酸
・水酸基を5個持った酸……
グルコン酸
——などに分けられる。このなかではグルコン酸で一番のマイルドな酸味を味わえる。
見方を変えた別の分類法もよい。それは——
・揮発酸……酢酸、（酸味料とはいえないが塩酸）
・不揮発酸……リンゴ酸、クエン酸、グルコン酸などほとんどの酸味料
——となる。

梅干入りおにぎりや、〝日の丸弁当〟の保存性がよいのは、梅干しの酢酸の蒸散による殺菌効果のお陰もありそう。包装内の隅々まで蒸気のかたちでゆき渡るためか。酸味料のなかでは酢酸の殺菌力は抜群に強い。が、お酢を調味料とした惣菜の煮物は、煮つめていくにしたがい、お酢分は蒸発して酸味は減る。そのため、酢の添加時期や、不揮発酸を使うこともあるように、酸味料の性質を十分に知り、その時点で選択するのがよい。
その他、水への溶解性（たとえばフマル酸は難溶、乳酸は易溶）およびアルコールへの溶解性な

表 13.2　各種デンプンの特性

原　料	甘　藷	馬鈴薯	トウモロコシ	小　麦	コ　メ	タピオカ
平均粒経(μ)	18	50	16	20	4	17
水分　(%)	18	18	13	13	13	12
糊化温度(℃)	72.5	64.5	86.2	87.3	63.6	69.6
最高粘度 (6%糊液)	685	1,028	260	104	680	340

ども知っておくこと。それにより、アルコールとの併用で保存効果を高めるにはいかなる酸を使うべきかなど、実験の手掛かりにもなり得よう。

c. 糖　類

羊かんやシラップ漬けが日持ちのよいのは糖濃度が高く、水分活性が低いことによる。糖類でも単糖、オリゴ糖、多糖などに分けられるが、それぞれの水分活性、浸透圧、粘度、粘性、分子構造、分子量、甘味度、風味などに関する諸性質の一覧表を作成しておけば、保存性向上の商品づくりの実験計画を組みやすい。

たとえば、ブドウ糖はアミノカルボニル反応を起こし安いアルデヒド基を持つので、加熱時や経時により食品中のアミノ酸と反応し、褐変を起こしやすいが、砂糖はそれほどでもない。糖アルコールのソルビットならばさらに褐変しにくい。逆に、ブドウ糖やソルビットは分子は小さく浸透圧は高いので、食品に対する保存性は高まるのではないか?など、考えてみる資料になろう。

保存性向上のためには、類似分子構造の糖ならば、低甘味度の糖を使うことにより、甘さを気にせずに多く使える利点を持ち、水分活性を低めることができる。

多糖類のデンプンでも品種により性質が異なり（表13・２）、このなか糊化温度は配合設計上で大きな要素になる場合もある。それは糊化による吸水温度に相当し、中華惣菜のシュウマイなどの加熱に際し、野菜やひき肉など具材の加熱離水温度と使用デンプンの糊化温度をあわせることで製品の形くずれも起こさず、保存性もよくなる。

加工食品に配合したデンプン類の老化速度を遅めるには——

・デンプンの種類……

老化速度が遅いモチ米（アミロペクチンが多い）の利用や併用（コンビニ弁当の御飯に餅米を混ぜることがある）。

・増粘多糖類の併用……

老化へのデンプンの整列構造化を抑制する

・乳化剤の併用……

デンプンの分子表面に吸着し、老化構造生成を遅らせる。

・十分な加熱により、デンプン糊を完全糊化し、デンプンの老化を促進する未糊化部分をなくなす。

——等々の方法があげられよう。

以上、保存性向上の諸法について記した。まだ多くの手法もあるが、第１～第12章のなかにも関係事例をあげたので、本章では省略する。

(3)　保存性向上への対応策

終わりに食品の保存性向上への技術的対応策をまとめていえば、先ずはその原因を調べること。仮にその原因が酸素であるとしたら——

ⓐ　単に抑制すればよいのか？

ⓑ　酸化した食品を積極的に元に戻すのか？

——とわけて対応し、

ⓐの場合では——

・食品と酸素を接触させないこと（たとえば酸素バリアフィルムで食品を覆うこと。水中で食品を処理すること等）

・普通の水の代りの脱気水で処理すること。

・塩素を含む水を脱塩素して使うこと（それには加熱や窒素吹きこみによる塩素追い出し法もあろう）。

・真空包装すること。

・ガス包装すること。

・食品自体に含まれる空気のガス置換を行うこと（たとえば、パンを焼いた後、窒素や炭酸ガス雰囲気中で冷却）

・食品の表面水分を残しておくこと。または水スプレー、アルコール水のスプレー。

・包装時に、脱酸素剤を利用すること。

・食品の品温を必要以上に高めないこと。高温処理時間を短くすること。
・食品の露出表面積を小さくすること。
・酸化を促進する金属や酵素の除去、封鎖または不活性化すること。
・紫外線に曝さないこと。
・酸化しやすい油脂の含量を食品から減らすこと。
・酸化誘導期間が過ぎた油脂を使わないこと。
・酸化防止剤（アスコルビン酸やビタミンE）を添加すること。
――など考え

ⓑの場合では――
・強力な還元剤（SO_2系）を使うこと。
・還元水の利用は？
・水素の利用は？
・還元酵素の利用は？
――等々のほか、考え得る手法を列記し、そのなかから、問題の食品になにが適役であるかを選ぶがよい。もちろん、ここに揚げた酸化防止対策でも、実用に不向きなものもあろうが、発想を自由にしなければ進歩はない。このように、問題に対する処置をいくつも考え、書き掲げて対応する手法は、ＨＡＣＣＰシステムにも似ていよう。

引用・参考文献

第1章

(1) 中山：食品と科学 Vol. 14 No. 1 (1972)
(2) 勝井、梅田：NFI Vol. 12 No. 10 (1970)
(3) 加藤：冷凍空調技術 255号 (1971)
(4) MITCHELL・R・S：FOOD TECH 23(6) (1969)
(5) 泉：朝日新聞 (47・1・15)

第2章

(1) 〝用水廃水便覧〟丸善 (1971)
(2) 緒方：〝園芸食品の加工と利用〟養賢堂 (1966)
(3) 梅田、勝井：NFI Vol. 12 No. 10 (1970)
(4) 米国特許二、八七五、〇七一号 (1959)

第3章

・緒方：「園芸食品の加工と利用」養賢堂（1966）
・織田、江口訳：「活性炭」共立出版（1970）
・小山：「食品工業」Vol. 12 No. 22（1969）

第4章

（1）元広：〃缶詰技術〃 Vol. 10 No. 10（1969）
（2）金子：〃食品と科学〃 Vol. 12 No. 8（1970）

第5章

（1）緒方：「園芸食品の加工と利用法」養賢堂（1966）
（2）加藤：「冷凍」No. 533（1972）
（3）菅間：「化学と生物」Vol. 9, No. 5（1971）
（4）下田ほか：「缶詰時報」Vol. 49, No. 4（1970）
（5）特公昭　四六―三九〇五〇号
（6）元広：「缶詰技術」Vol. 10, No. 10（1969）
（7）前橋：「日本衛生学会発表」（1970）

第6章

(1) 特公昭 四五—一六七六九号
(2) 樋口ほか：食衛誌 Vol. 11, No 3 (1970)
(3) 特公昭 四五—一二二五四号

第7章

(1) 特公昭 四五—一七五七三号
(2) 特公昭 四四—三〇五八三号
(3) British Plastic, Oct. (1969)
(4) 特公昭 四四—三二四九八号
(5) 特公昭 四四—三〇五八一号
(6) 特公昭 四五—二七七八〇号
(7) 特公昭 四五—一〇五九一号

第8章

(1) 田中：「食品冷凍テキスト」日本冷凍協会 (1971)

(2) 加藤：「冷凍空調技術」 No. 255 (1971)
(3) 特公昭 三六—八六八三号
(4) 川島：「はき違いの栄養知識」 読売新聞 (1970)
(5) 田中：「食品冷凍法」 恒星社厚生閣 (1968)
(6) 吉田：「日食誌」 Vol. 15, No. 6 (1968)

第9章

(1) 木村：日本食品工業学会シンポジウム (1966)
(2) 野口：「全国特産水産品のつくり方」 漁協経営センター (1970)
(3) 食衛誌 Vol. 9, No. 3 (1968)
(4) 光楽、田辺：食衛誌 Vol. 12, No. 6 (1971)

第10章

(1) 日本経済新聞 (47・11・9)
(2) 佐藤、栗茜：食品工業 Vol. 15, No. 4 (1972)

第11章

（1）豊田、掛川：「ニュー・フード・インダストリー」Vol. 11, No. 3（1969）
（2）太田：「食の科学」No. 2（1971）
（3）中山：「第十一回食品加工技術講習会テキスト」日本栄養食品協会（1966）
（4）中山：「食品と科学」Vol. 14, No.11（1972）

第12章

（1）新原ほか：日食工誌 Vol. 17, No. 9（1970）

著者プロフィール　中山　正夫（なかやま　まさお）

1930年生まれ。1955年㈱千代田化学工業所・研究室長として、食品関連商品の開発を多数手がける。1967年『ねり製品の製造法』特許で発明協会より発明賞を受賞。1970年中山技術士事務所を創設し、食品開発、食品加工技術を中心にした食品関連技術コンサルタントとして活躍中。

現在、㈳日本惣菜協会・技術顧問、㈶日本パン科学会・技術顧問であり、資格は技術士（農業および水産部門）、公害防止管理者。また、元㈳日本技術士会理事、水産部会長。1991年に㈳日本技術士会40周年大会において会長賞を受ける。1999年に㈳日本惣菜協会創立20周年大会で農林水産省食品流通局長から感謝状を受ける。

著書は『食品の新製品開発と拡販術』（日本食糧新聞社・1981年）、『食品開発者のための発想術』（食品と科学社・1991年）、『特許にみる食品開発のヒント Part 2』（幸書房・1994年）同 Part 3（幸書房・2000年）、『惣菜入門』（日本食糧新聞社・1997年）など、共著も多数。食品関連雑誌、新聞などへの執筆および講演多数。

食品加工 活用術

2003年 5 月31日　　初版第 1 刷発行

著　者　中　山　正　夫

発行者　桑　野　知　章

発行所　株式会社　幸《さいわい》　書　房

〒101-0051　東京都千代田区神田神保町1-25
phone03-3292-3061　fax03-3292-3064
URL:http://www.saiwaishobo.co.jp

Printed in Japan
2003ⓒ

㈱平文社

ISBN 4-7821-0231-3　C3058

ペクチン

その科学と食品のテクスチャー

■ 真部孝明 著

・Ａ５判　134頁　定価2415円（本体2300円）

ペクチンは植物起源の食品に含まれ、利用次第で食感の改善を図ることができる。本書はその入門書である。

・ISBN4-7821-0182-1 C3058　2001年刊

食品多糖類

乳化・増粘・ゲル化の知識

■ 国崎直道・佐野征男 著

・Ａ５判　264頁　定価5040円（本体4800円）

食品多糖類の物理化学的性質に基づき食品に利用される各種の多糖類の乳化･増粘･ゲル化の知識をわかりやすく解説した。

・ISBN4-7821-0194-5 C3058　2001年刊

食品の安全・衛生包装

防虫・異物・微生物対策と包装の品質保証

■ 横山理雄 監修

・Ａ５判　298頁　定価6300円（本体6000円）

食品の安全を脅かす異物（虫、その他）や微生物対策に焦点を絞り異物に関する知識と食品包装での防御並びに包装の品質に言及した。いたずら防止包装にも触れた。

・ISBN4-7821-0199-6 C3058　2002年刊

食品の殺菌

■ 高野光男・横山理雄 著

・Ａ５判　300頁　定価7560円（本体7200円）

近年のＯ157事件など，ＨＡＣＣＰが注目される現代に対応した食品殺菌についての実際を収録。

・ISBN4-7821-0158-9 C3058　1998年刊